t is not about famous brand and label.
t is all about truly giving, art, decoration, food, and drink.
please feel from heart.
anything can happen,
and happened from nothing.

不只昂貴奢華 才能展現時尚
而是關於 分享 藝術 居家 空間 飲食 與文化
請以心感覺吧
派對已在進行 低調發生中
這 不也是一種時髦？

是 一 種 時 髦

U0069684

concept & photo by kiefer wang, retouching by mssookin wang, fashion by a jumand-er cord, sepecial thanks my muse, tie liu

the book of common player

文◎
史哲（高雄市政府文化局 局長）

派對目的
不只迷失
而是尋獲

Come, Lost, and
Found @ Kaohsiung

近幾年，由於工作的關係，經常要參加一些派對，其中有國際的主題派對，也有各地的文化交流，有慈善的潮流宴會，也有選舉的造勢晚會，這些派對不一定都精彩，卻各有特色。在我看來，派對其實是一種文化的凝聚力。時間地點和主題不同，凝聚的人也有所不同。

每一個城市舉辦的派對，都有其地方特色。

台北、紐約或上海，派對是時尚，是雞尾酒，不醉不歸。

高雄、波士頓或者北京，派對是人文，心靈，淺嚐即止。

相較於我居住過的其他城市，這海港是安靜的，樸實的，也最有藝術氣息。這裡有愛河，澄清湖，有大片綠地，民俗古蹟，特色捷運、這裡孕育創作人，藝術家，在這裡落地生根，也茁壯這城市。

藝術派對：春天藝術節，已是南台灣表演藝術品牌化藝術盛會，亦是國內僅次於中正文化中心「台灣國際藝術節」的大型表演藝術類城市藝術節，系列性地結合藝術、音樂、戲劇、舞蹈、親子、傳統戲曲等精選節目，將再席捲南台灣。

搖滾派對：「大港開唱」成功寫下南台灣音樂祭里程碑。除了演出陣容皆為獨立樂壇一時之選，最大特色便是演出陣容有半數以上為組成或發跡於南台灣的獨立樂團，與本地音樂文化做出最緊密的結合。

視覺派對：「奇幻。不思議」日本3D幻視藝術畫展，打破以往對美術欣賞的既有印象，風靡全球的幻視藝術繪畫展覽，由高雄駁二藝術特區策劃開辦。

這些不同風味的派對，值得悉心品嚐。

時下多數年輕人不懂派對，以為有酒、有震耳欲聾的音樂，或者不正當的藥物，集體狂歡就是派對。他們迷失了自己，也將派對汙名化。

派對可以很低調，不要鋪張喧鬧。不需揮舞螢光棒，亦是時髦。

派對目的不只迷失，而是尋獲。

如果你想找到久違的學術氣質和創作能量，請憑本書為邀請函，來高雄吧。

這永無休止的文化繁華。

文◎
黃偉岸（亞子創意 總監，策劃執行各類大型活動達15年以上）

站在幕後的
派對玩樂者

Imagination & Execution

我享受著散場的那瞬間，這十多年。

當生活像自動導航般的日復一日，派對，就是最好的破口，是暫停鍵，是個能暫時忘卻煩擾的獨立時間空間。

我愛派對，更愛策劃派對。
活動人，是我們的總稱，也是一般人所熟知的「幕後工作人員」。

試著想像要舉辦一個派對，就拿自己的生日派對好了：
你應該會從要邀請誰開始思考，再來就是要辦在哪？幾點開始？音樂呢？要準備什麼吃的呢？要不要喝酒？要買哪些酒？喝醉誰該送誰回家？總共會花多少錢？

諸如此類

那麼，在思考的過程，腦中是否浮現你派對會是個什麼樣子？會在什麼氛圍裡？會有誰在派對中穿梭？會有多好玩？
這就是策劃，就是想像力的高度運用。

一場活動，就像一個派對，
或許有些人，只會思考時間地點和要花多少錢這些事，

而活動人，就必需想得更多，更慎密，更細膩。

參加人員、時間、場地、週邊設施、安全配置、緊急應變、預算評估…
但別被這些詞彙弄緊張了，
說穿了，這就是一個派對，你只需要想得更仔細點，更小心點，並學習預做準備。

讓想像中的派對和實際相符，考驗著經驗累積和執行的能力。
活動人，就是在每一場活動派對中，不斷的錯誤、不斷的累積和不斷的學習。
沒有一個派對是不會發生問題的，大大小小每次的活動，都會面臨著各種不同的問題
而活動人，不但要預先防範問題的產生，更要隨時準備面對問題。
你知道一定會有問題，即便問題尚未發生。

危機處理 臨機應變 然後拿出態度來

讓一場派對保持著順暢緊湊，讓參加的人被氣氛所凝聚著，是需要極大的專注力及團隊執行力，舞台、燈光、音響、特效、人員，通通在等著你隨時指揮調度，每個人的眼神專注點，並不是台上的歌手、DJ，而是在你身上，台下的觀眾，會因為你設定的一個爆點、一個特效，情緒沸騰。就如同身處戰場，牽一髮而動全身，不容許任何錯誤，不容許任何鬆懈。

可以忙 可以趕 但就是不能亂

壓力嗎？是必然的，
但我還是愛，更樂此不疲，
因為，這就是我們的派對。
一個運用想像力，克服各種困難，解決各種問題，將不可能化為可能的派對。
而終場之後，一個人站在台上，
看著狂歡後的人群，因為你的策劃演出，滿足的離去，
這是種無法替代成就感、使命感和戒不掉的癮。

極致而無以復加

我是個派對玩樂者，
熱愛派對、
喜歡想像、
專注於細節，
並享受屬於自己的時刻。

你呢？

文◎
尹立（中華民國設計師協會理事長）

人是派對中
最好的風景

The People and Landscape

下次要來臺灣玩哦，我說。

派對總是令人迷戀的，不僅是因為有五顏六色眩目的燈光、迷幻的亦或震耳欲聾的音樂與演出、瀰漫的煙霧、可口的餐點、繽紛醉人的飲品，更是因為穿著時尚的人們，或為簡約、或為華麗、或為隨性、或為精心打扮，大夥兒拿著杯子互相行禮如儀，或者是熱情的擁抱，在情境氛圍的驅使下，大家放鬆自在的談天，愉快的享受與交流。

畢竟，人才是最好的風景，不是嗎？

這幾年參與很多國內外的設計活動，尤其每次到國外參與設計節的展演，派對都是必需品，不同國家的設計師們聚在一起，五花八門的語言，不管聽得懂聽不懂，反正音樂一放、杯子一舉，設計師們臉上馬上堆起了笑容，可能早上大家還正經八百的討論著設計風格，或因為要接受媒體的採訪而擺酷，在這個時刻，早已不自覺的隨著音樂擺動著身

軀，也相互的約定下次到哪個國家，大家還要再相聚，同樣的在台灣辦一些設計活動，有機會邀請許多國內外的設計師參與，開展第一天晚上的派對已經成為不成文的規定，在交換厚厚一疊的名片的背後，更有濃濃的一股相知相惜的氣味。

參與派對同時也是一個很有心機的工作，想利用這樣的機會多認識一些設計圈的大咖，聽著大家八卦著業界的秘辛，展示自己華麗裝扮的舞台，或是打探與情報的交換，有人幽默的縱橫全場笑倒眾人，當然也會有人默默的坐在角落，觀察與欣賞著一切的發生。

但大多數人很簡單，就是在享受這一刻，我說，喝一杯吧！

派對總會結束，場面總會杯盤狼藉，伴隨著的是空虛寂寞，還是隔天引來宿醉的頭痛？我自認聰明的以為，在卸下心房的一刻，在心情放鬆的瞬間，人生不就是應該偶而放任

自在，但就像那個無處不在的警語，飲酒過量，有礙健康，派對是緊繃時最佳的鬆弛劑，適量有益健康。

或許，這才是人生。

期待著下一次的派對，下一次的見面，下一次的感動。

下次要來高雄玩哦，總是在參與台北朋友的派對後，跟他們相互約定；下次要來臺灣玩哦，總是在參與國外設計活動的派對後，跟他們相互約定，我說。

文◎
crazyJason（本書攝影者）

其實我很低調
Society Low-Key

我這篇序磨了很久，對於一個生活工作以影像為主的人，要寫出放在書裡面像樣的文章，難度真的超越我的想像。

不過隨著跟信智相識直到共同製作這本書的過程，倒是有點像是參加了一場"低調派對"。

你一直看著他的作品問世，每每創新。
但你絕對想不到之後會跟他認識共事，說共事又太嚴肅了一點！

其實我們創作人之前很少有什麼利害關係，與其又要扯到創作，

還不如說是我們用遊戲的態度去生活著。

當他放下過往的一切來到高雄時候，重拾他的最愛料理與創作，

他的個人終極派對嫣然開幕，在工作室裡面，每個創作者都可以找到一個合適位置。

酒跟音樂是必備的，邊玩耍邊創作只是剛剛好。

信手拈來皆是文案，隨口說出的往往是下一本想寫的作品。

為何說是 "低調" ？

正因為假如把創作比擬成一場派對，這是我們每天都在做又擅長的事情。

把它視為一個自然現象與過程，所以不會有什麼樣特別。

我是誰？
我不是一個狂歡客，只是在派對裡面有點冷靜的觀察者，又剛好手裡拿著相機罷了。

文◎
王信智（作家 暨 生活創作家）＆
黃菀榆（作家 暨 迷鹿客棧風騷老闆娘）

世道亂
不如 醉生薨

The Home & Party

派對是國際各大時尚城市必備自有儀式，家是走遊世界各地最理想的終點。

不是醉生夢死，絕非淫亂至極。耽溺在一個又一個風格迥異家居，以及一次又一次獲邀派對裡，進行社交，同時自我治療，意圖了解人世間美好。

從一個人泡澡的派對，一直到萬頭鑽洞演唱會；在極致奢華與日常簡約之間，以昂貴威士忌入菜，或僅是精選食材熬湯……，

只要有人剎那沈浸不能自己，即是宗教發展場。

那麼，請憑本書為邀請函，參加本場K&W雜炊派對吧！

據說，牡羊座和天秤座，熱情和優雅，都是必備，在Party和人生中。

我們是兩種類型的人。
一個隨心所欲，比較瘋。在熟人的面前。
另一個隨遇而安，很社交，在不熟的人面前。
一個總是說自己不適合Party。（其實參加過以及舉辦過的Party規模，數量或者類型都頗驚人。）

一個習慣做個Party Queen。(其實更喜歡Party前打扮,或是Party後精疲力盡的感覺。)

為了那些相同或不同,我們決定一起做菜,一起Party,一起生一個文字小孩。

我們都喜歡雜炊。
日式雜炊,說穿了,就是很多料的鹹稀飯。平凡的米粒吸收了湯汁的精華,舌尖味蕾立刻散發無盡光芒。
那些拐彎抹角隱藏版的青菜,魚肉,臘腸或菜頭,都是被期待的驚喜。

這是一種很隨興但用心的料理,是一種很家庭又不失禮的主食。
我們也用這樣的想法和每一個Party在一起。
希望他們隨性、用心、家庭、不失禮。當然,也都精彩。
於是,都樂在其中。

我們的第一個小孩,也是這樣的個性。
多元化,不要被侷限的成長。
不用太出風頭,但是我們都知道他好優秀。
感謝很多和我們一起努力造就的朋友們。
他們都在字裡行間,在那些美麗或朦朧的照片裡。

就像熬著一鍋雜炊,我們燉煮了好一段時間。加入那些意想不到的元素,都不想停了,好充實。
希望你吃到的時候會會心一笑。如果有甚麼你挑食不吃的,就放在一邊吧。
其他的你還是會愛。

因為,昂貴的油膩的吃多了,總是,想來一點溫暖的簡單的。

備註:
催生本書特別感謝:
Moët Hennessy - Louis Vuitton, LVMH Group
酩悅軒尼詩集團Glenmorangie格蘭傑單一純麥威士忌,沒有伴隨最頂級的迷醉,文字與創意無法盡情流瀉。

以及高雄市政府文化局、疴子創意行銷、中華民國設計師協會、火腿設計師藝廊,他們是這鍋雜炊的秘方,或是香葉,或是最後淋上的祕方香油。
你可能吃不出來,因為沒有鮮明的存在感。
但確實必要,否則我們的精心炮製,也不過就是一鍋夜市賣的鹹粥而已了。

Bon Appétit!
請開動!

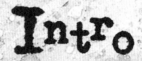

Intro

於是　有了天
於是　有了地
於是　生命於海洋滋長
於是　生命學會了歡愉

流動著　那不停歇的
穿梭著　那悻悻然的

節奏是一種結束後的開始
掌握每一個交合的成功率

於是
萬物延續

混沌裡
碰撞是機會
擦身不曾產生遺憾
未知等同從未存在

那就待在一起啊　從頭開始
那就群聚生活啊　直至結束
費洛蒙　在呼吸間流竄著
無時無刻

那麼
來點火光吧
來點舞動吧
來點聲響吧
來點茫然吧
來點不切實際吧

感謝上帝
肉體交纏著滿足了一次又一次
混雜著酒液體液
一飲而盡

生命的儀式

就此蛻變

illustrated by mnookin wang, texts by Jarvis li

Objects of Desire 情緒物件

情緒停詩間
訂製派對繪本

The Limited Party You Need

邀請函 餐桌佈置 音樂選用 食物搭配等重要元素
個別指導不藏私 量身訂製你（妳）的專屬Party

究竟需要什麼才能派對 也許只需要一杯氣泡水
有一顆鏡球的確美 旋不旋轉無所謂

燈光流瀉 恬靜安好 最好遠離是非
有情緒便是詩 量身自我派對

派對道具

沒有什麼是必然的
沒有誰是非誰不可
派對元素很多 請自由發揮

可以很舒放 可以很頹廢
可以很無厘頭 也可以很無所謂
請自由發揮

點著頭叫囂嘶吼是一種
插著花話家常也是一種

不存在設限 不要求期限

做自己就好 玩開心就好
放輕鬆就好 沒人理也好
何必誰一定得是誰

硬照著格子走
何苦來哉

拼貼情緒

聚在一起 是需要很多理由的

「今天我會下廚來一起吃吧」
「我租了片好電影一起看吧」
「今年聖誕節我們一起過吧」

只是聚在一起 只是這樣而已
找個理由吧 就算沒有理由
我們 都需要聚聚的

啤酒 公園 滷味 和一些情緒
就是一個美好的日子

安插意外的行程在記事本吧
即便是在辛勤的工作日
聚著窩著
就是一個美好的日子

心情黑板上 溫暖不變的美好日子

那些 記憶中的小東西

記憶 是老物件的特權

每個傷痕 都有值得聊的往事
每個擺置 都能觸動一些情感
「啊！那就是那年的我們在…」
中略

因為內容不再是重點
得意的是我們有我們
無可替代的歸屬感

那些我們不曾參予

存在時光裡的物件
叫故事

媽媽的漆盤嫁妝
爺爺的舊軍大衣

而那些故事　會在新場合裡
在一群朋友裡
會再度出現　成為新的故事
叫傳承

派對開始了

沒有分界的 這個世界
應該是沒有分界的

也許自以為是了點
也許浪漫一廂情願

那麼張著口吧　至少食物是不會分界的
那麼仔細聽吧　至少音樂是不會分界的
那麼展開胸吧　至少擁抱是不會分界的

瞧
這不是挺好的

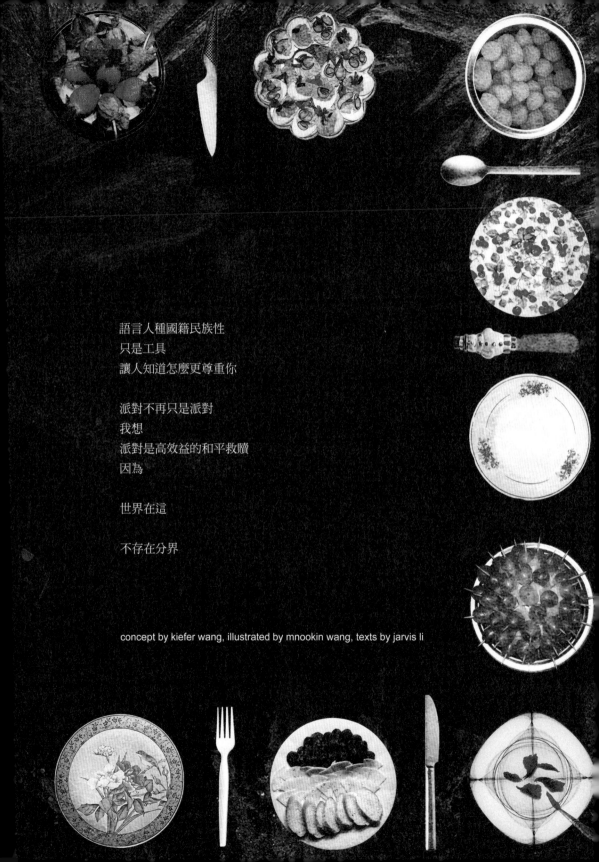

語言人種國籍民族性
只是工具
讓人知道怎麼更尊重你

派對不再只是派對
我想
派對是高效益的和平救贖
因為

世界在這

不存在分界

concept by kiefer wang, illustrated by mnookin wang, texts by jarvis li

Keywords

醉生薨 的 重要關鍵
To Die for Party Keywords

🔑 **心 Hart**

一開始什麼都沒有,只是用了心。最後,也只剩下心,充實的,或憔悴的。

🔑 **What a Hell**

不用知道是什麼,因為我也不知道,這是我們Party上必備的調酒,每次的味道都不會一樣,What a Hell,One Shot,Cheers。

🔑 **酒精 Drinks**

神祕的調酒,刺激和美麗的香檳,紅酒的層次和優雅,格蘭傑的果香和品味,每一種我都需要,她們都是Party中的主角,有了她們,我也是。

🔑 **花蝴蝶 Social Butterfly**

我喜歡扮演的,滿場飛;採不到花蜜也留下香氣,蜻蜓點水就好。

🔑 **空氣 Air**

稀薄,混合了香水,食物,菸和費洛蒙的味道,呼吸也變得貪婪。

🔑 **菸 Cigarette**

喜歡與否都好,煙霧瀰漫是Party的氣氛效果之一,吞吐之間,氧氣和尼古丁交互作用,沒有誰可以獨善其身。

🔑 **音樂 Music**

也是效果,輕或重,快或慢,各種類型的音樂,不能停止,試過忽然十秒鐘的寂然,以為連地球都罷工了,必要的存在,太必要,有時竟然不被珍惜和重視。

🔑 **說話 Talking**

那些言語沒什麼重點,甚至不會被記憶,沒有停止,是為了讓對方感覺存在。

朋友 Friends

滔滔不絕的對象不一定就是,也不是敷衍,只是情境模式。

泛泛之交 Nodding Acquaintance

放眼所見大多數都是,但是那個正在和辣妹聊天的男孩,是我的情人。

謊言 A Variety of Lies

我單身。我喜歡像你這樣幽默的男人。我沒有醉。

真相 Truth

我的瞳孔不是藍色,我有一個小孩,一個交往三個月的男友,重點是,在遮瑕膏下,我的額頭有一顆好大的青春痘。

假睫毛 False Eyelashes

不知道在哪裡黏上了一條在手掌邊緣,心情也毛了起來。那個少了一邊睫毛的女人,或許是男人?會不會同時遺落了自信?Party中每個女孩都用盡各種道具美化自己的眼睛,看起來比較水汪汪的大眼,能不能看盡燈紅酒綠?

燈光 Lamplight

別太亮了,穿透了過那些濃妝豔抹或是矯情做作,剩下臨檢的恐懼還是夢醒的惆悵?再說,在這樣柔和迷濛的光線下,相片也特別夢幻。

蠟燭 Candles

白色的,紅色的,南瓜表情的。沒有那麼明確,沒有固定的形式,卻可以延續,有一種原始的情調,那是一種浪漫,Party需要,人生也是。

照相 Take Photos

或許為了記憶,或許為了留住美麗或歡笑,或許,只為了打發那些不知所措的時間,有了那台單眼相機,格格不入的角色也充實了。

疏離感 Faraway

有時會抽離,站在這裡,但不屬於這裡;我是你們之中的一個,可是我們沒有共同點;我聽見你們的聲音,不知道你們在說什麼;我看到你們在笑,我也跟著笑了,醉了嗎?

笑 Laugh

也可能是虛應故事的假笑,也可能是酒後的亂笑,也可能是為了勾搭誰的媚笑,靦腆的笑;開懷的笑,充斥,但是,有什麼好笑?

High

情緒而已,如果沒有酒精或其他什麼的,給我對的人。

Keywords

🔑 **美女和帥哥 Good Looking Guys**
就算言談無趣，至少成就美感，賞心悦目的裝飾。

🔑 **飾物 Accessories**
是大工程，畫龍點睛，南瓜，聖誕樹，小玩偶們，那些菜餚上的精雕細琢，我誇張的耳環和他的女朋友。

🔑 **史瑞克 Shrek & Princess Fiona**
後來我戲稱那些邋遢赴約或是打扮突兀的傢伙"史瑞克"或是"費歐娜"，Party是應該被尊重的，打扮是最基本的尊重。

🔑 **高跟鞋 High Heels**
其他的配件都可以用借的或是變的，只有高跟鞋獨享並衷於品味，必備。想想如果少了那雙玻璃鞋，灰姑娘的故事要怎麼完整？

🔑 **面具 Mask**
不是一定為了那個萬聖節，我戴著面具，因為不想被人看穿。

🔑 **變裝 Cosplay**
不管是不是主題，出門前我試過的衣服，絕對足以開一個變裝Show。

🔑 **代價 Tickets**
進場的代價可以是錢，可以是禮物，可以是食物或酒，也可以是交情或是熱情，什麼都沒有？那我不歡迎你。

🔑 **掌中食 Finger Food**
不管你吃不吃，那些小點心精緻和特別的程度，絕對和Party的精采程度成正比，不瞞你說，我曾經在一個Party上吃過旺旺仙貝……Sucks！

🔑 **湯 Soup**
可以墊胃，不那麼容易醉；可以醒酒，準備Second Round；不喝酒的人也有了溫暖的飲品，何其重要。

🔑 **味蕾 Taste Bud**
那些精緻的食物以外，那個激情的吻，輕觸糾纏，也刺激了味蕾。

🔑 **擁抱 Hug**
最簡單也最深刻，好久不見的；中途離席的；聽到那個好或壞消息；其實沒有任何原因，只是想抱一下，貼近。Party造就了擁抱的機會；擁抱成就了生活的Party。

🔑 **罪惡感 Guilty**
也不是為了和誰做了甚麼見不得光的事情，沒接到情人的電話，過多的酒精造成的失憶，或者只是放任了太多的熱量進駐。

🔑 **驚喜 Surprised**
看到一個身材線條好的男人，吃到比想像中更可口的食物，也許是重要時刻的擁抱，或是陌生人的認真的諝讚，那張拍立得，碰到久久沒見的老友。當然這些，同時也可能是驚嚇。

🔑 **備忘 Notes**
Party前總會把那些瑣事用小紙條記下來，深怕不完善，Party後手臂上莫名出現的電話號碼，也是備忘。

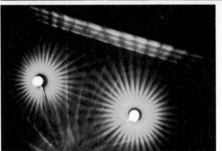

時間 Time

生日Pa，聖誕Pa，萬聖Pa，Year End Party，開幕或是結婚，倒數計時，時間往往是Party的主題，我想要辦一個沒有時間的Party，不為了哪個人，哪個日子，不管幾點開始幾點散場，跳到累垮，喝到昏倒，聊到沒有話題為止。

舞 Dancing

只是隨著節奏擺動，形式不拘，或者連擺動都省了，心在跳就足夠。

頹廢 Depraved

於是我們都變得頹廢，音樂是，氣氛是，環境是。醉得像攤泥，不是肉體，是一蹶不振的靈魂，Suit On，也只是想要頹廢一次。

殘骸 Remains

最後只剩下殘骸，那些食物，或是那些零散的記憶，或是衣不蔽體的肉身。

浪費 Waste

總之是浪費，浪費時間，浪費食物，浪費體力，浪費了本來就該浪費的美好記憶。

遺憾 Feel Sorry

沒喝到那瓶粉色香檳，沒吃到的提拉米蘇，沒和那個型男多說幾句，不夠醉或是太醉。

宿醉 Hangover

口乾舌燥，頭痛欲裂，胃翻攪著，沒想到達這個境界，不小心就慘不忍睹，是不是該來杯回魂酒？只是醉生夢死後，能不能真的找回那三魂七魄？

鬨 Hong/Noise/Frequency of Party

鬨鬨然。開始與結束。

Music

十張前往市場的派對專輯

Ten Party Albums for Going to the Market

我們設計出十個聚會情景，你可能扮演那位主人負責招待來賓，也可能是參與的客人，任何一種角色。當然，在晚餐開動之前，得上菜市場購買食材吧，就著以下情緒專輯，想像即將遇達的友人，為著某些目的和主題，邀請了對方來，希望成全宴有好宴，期待這麼一道宴會嗎？拿起Shopping Bag、戴起你的Headphone奔向市場吧！

大海啊大海

一群對航海有興趣的朋友，在一趟短程出航後，黃昏時分回到岸上，吆喝著到誰家去吧，要大啖海產和冰啤酒。年少輕狂的夢想，一如發酵的啤酒，曾經帶來短暫的暢快。也像是Beach House的音樂，只是如夢一場。2010年《Teen Dream》專輯，最溫軟動人的Dream-pop之聲，將朦朧搖晃你漫遊市場的步伐。

小小低調驚異

自組扮裝喜好的同人小團體，聚餐主題是七零年代華麗搖滾，出席者請扮一個名人，各帶一道菜。向變色龍David Bowie致敬，用1979專輯《Lodger》。搖擺地用妖媚的眼，飄向菜攤指指點點。

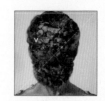

下酒菜配辣辣的秋天暖

朋友老家得來的私釀高粱，濃度六十，相當清烈，搖動瓶身後泡沫消失迅速，為了分享這瓶酒，找幾個純安靜喝酒的知己，做些下酒菜。瑞典Post-Rock新貴Pg.lost的音樂可比一壺烈酒，劇烈、灼熱與陣痛等反應絕對是在所難免。其2009專輯《In Never Out》值得拿來當你品挑小魚干、花生米、辣椒等等備料時聆聽。

奔放擁祝福

喜愛聽獨立樂團的她，幸運擁有許多圈內好友，老公秘密計畫為她舉辦48小時的連續慶生派對，朋友隨時都歡迎進門來給一個擁抱，或來點狂歡的即興演奏。不因獨立而眾、只為求奉獻歡樂；神秘派對不可或缺的娛樂種子、紐約新浪漫風潮Violens，2010年專輯《Amoral》輕動感傳遞，挽幾位早到的朋友上菜市場玩一場沙拉蔬果遊戲吧。

記憶裡熟悉的陌生人

有藝術家邀請陌生人到美術館一起泡澡，或躺在一張床上聊天，沒那麼大膽，而決定同樣實驗看看，想和失聯已久的那個朋友和好的第一頓晚飯。前英團New Romantic/Art Rock樂團Japan的靈魂人物David Sylvian，遊走於音樂、聲響創作多個範疇；對樂迷而言，他一直是一位最熟悉的陌生人。Sylvian於2010年推出《Sleepwalkers》專輯，為精挑自千禧年以來，在音樂家朋友專輯的插花合作及沒收到個人專輯的遺珠自選輯。低迷性感的噪音，適度穿插前景，當兩人尚未打破沉默空白。

春光有乍洩

剛交往不久甜蜜蜜的一對拉子，住在不同城市，總是錯過彼此的日常餐點，雖然不確定熟悉對方的喜好，無論如何，今天她為她下廚，準備驚喜，且上份甜點。甜點，讓人想起巴黎；甜蜜蜜的愛戀也和巴黎脫離不了關係。法國影壇當紅代表女星Judith Godreche 2010年首部個人音樂作品《Toutes Les Filles Pleurent》，由法國第一音樂才子Benjamin Bioley、紐約電音鬼才Moby聯手打造，專輯名稱翻為愛你，女孩，輕快拍子柔恬呼喚，光準備即令人雀躍無比。

單身告白

女子在台北獨身工作多年，搬到城市另一個角落的前夕，依然低鬱著像隻灰撲撲的鴿子，靜靜地，她想要割捨了、重新建立生活，慢慢地，自己安排一場告別。2010年新生代獨立民謠女聲Laura Marling的獨立宣言《I Speak Because I Can》，英國水星音樂獎提名，樂界大師Ethan Johns（Kings of Leon、Ryan Adams、Rufus Wainwright、Ben Kweller）傾力監製。她的唱所欲言情感澎湃，掙脫過往的暗湧情緒在女子採買時產生悠悠涼涼。

香頌多迷離

舞團剛從法國亞維儂藝術節表演回來，遲來的慶功宴，要配上大量法國紅酒，少不了剛學到的馬鈴薯濃湯。坎城影展最佳女主角Charlotte Gainsbourg 2009年作品《IRM》與音樂鬼才Beck首度矚目合作，法國香頌和美國民謠融合，有怪異奇趣有民謠藍調等多元音樂風格，如同舞者總是充滿活力期待下一場演出精彩，購入什麼材料MIX驚艷，想法也同樣精靈古怪喔。

異國吐露情調

推廣雨林咖啡的友人回國，再度攜回印尼香料，丁香、肉桂，用這些材料做風味菜吧，邀請幾個志工朋友，一起分享他的經驗及疲憊。我們不聽Bob Dylan、我們只聽Gil Scott-Heron；我們分享咖啡、不分享心情。說唱藝術教父Gil Scott-Heron 2010年專輯《I'm New Here》叨叨絮絮的真實，一些滄桑是必要的前往，慢慢挑揀助益人生歷練的食糧。

地下組社會

在一個小城裡租下舊戲院新組工作室的攝影師，定期舉辦活動，燈光秀或是詩文舞蹈朗誦，菸酒和餐宴，總有些溢出城市的藝文人士到場流竄。我們錯過了那個紙醉金迷的年代，錯過了Pet Shop Boys和Depeche Mode與New Order攜手開創的新浪潮電子Synthpop盛世；只能沿著New Order 1985年作品《Low Life》去寄託與尋找另一個屬於我們熟悉的可能性，採買一路上可以允許任意緬懷。

Recipe

紙上・我吃：食文化
On Papers, We Eat : Food & Culture

和派對有關的實用書籍，首先想到的一定是食譜。硬殼精裝
的老食譜，泛黃的紙頁嗅聞起來也是一種享受，裡頭的排版
或精心拍攝，越是與摩登不同的平俗，越具備飲食文化乃至家庭倫理、社會結構、歷史文化等多元面
向融合的趣意，你可以知道西方喜愛肉類的節慶脈絡，也可以感受到隱性強調一個女主人必須扮演全
能打點滿漢全席的樣板角色，成全一個富庶社會中產階級裡的完美關係⋯⋯。
讓我們在紙本上展開一場場最貼近派對的冒險吧。

SO-GOOD MEALS

作者：編/ Better Homes & Gardens
出版社：MEREDITH
出版年份：1963

一書由主食菜單、和孩子一起下廚、少少預算辦盛宴、低
卡路里、隨手亂作等五個生活化主題，呈現十足親切又輕
鬆的烹飪術。它告訴你，簡略繁複或高階料理的流程，做
菜，是用心取悅餐桌上的家人與親密朋友，並分享歡樂，
那才是一起吃飯的出發點，真心感到好好吃so-good！

Fondue Cooking

作者：編/Margaret W. Madine
出版社：TRP
出版年份：1969

熱呼呼的西式火鍋，不僅是較被熟知的起士或巧克力鍋
喔，還可以用在開胃小品、甜點、飲料等豐富項目。認識
西方火鍋正式的傳統配備，另有篇章介紹中國傳到西方發
展成為鐵鍋Woks及保暖鍋Chafing Dish的食譜，台灣仍少
有Fondue專書，乃為入門參考。

APPETIZER BOOK

作者：編／Sunset Books
出版社：Lane Magazine & Book
Company
出版年份：1965

開胃小品，當下辦派對最流行的Finger Food，一口在手多
種風味，啜著紅酒白酒香檳雞尾酒冰啤酒，微微醺引出好
胃口。開胃食物種類繁多，熱的像火雞肉球，冷的如火腿
立方塊，法式有鰻魚泡芙，塗抹them蕃茄蟹肉醬料，還有三
明治和飲料，光看就食指大動了。

ALL COLOUR
COOK BOOK

作者：Mary Berry、Ann Body、Audrey Ellis
出版社：HAMLYN
出版年份：1970

非常正規的傳統食譜工具書，傳授336樣菜色，包魚包
肉、沙拉甜點，道道展示著完成品的精美全彩圖例，人
嘛，視覺系動物，因此充滿了宴客排場的精緻幻想，加
上簡易扼要的烹飪說明及336個Quick Tip更讓人信心大
增，彷彿立即可變身超完美嬌妻。

Round the Year Cookery

作者：Betty Hitchcock、Cordon Bleu
Cookery School
出版社：Queen Anne Press
出版年份：1971

隨著一年節日時令變換，巧妙烹調當季的食材特色。該書
先介紹包含魚、肉、水果/堅果、蔬菜等類可方便取得和最
佳風味的月份列表，單元開場頁跳出一幅幅家庭生活黑白
攝影，再一一闡述春夏秋冬午晚餐及茶的食單搭配，從人
物的復古服節、行為、表情到餐桌擺設及儀禮，得以有趣
指辨其文化細節。

ずらり料理上手の台所

作者：編/お勝手探検隊
出版社：マガジンハウス
出版年份：2007

結合二十餘位古物商、料理家、研究家、主婦等不同角色
的料理場所寫真，安放生活的樸素風格在系統化廚房設施
之外，只是一盞茶滾著，只是一鍋白蘿蔔燉著，野菜、醃
物，自在寧靜地不令人意外，就這麼相信歲月靜好。

Bon Appétit

作者：編/Bon Appétit
出版社：Bon Appétit
出版年份：1987

開動前，法國人總要說，Bon Appétit祝您胃口大開！
Bon Appétit雜誌洛杉磯分社輯錄五冊一巴掌大的長型薄
冊，包含經典麵包、田園沙拉、熱湯、甜點及戶外烹飪
等Homestyle主題食譜，復古的字型和套裝，雖然沒有圖
片，卻是老食譜的閱讀樂趣。

Everyday Matters

作者：Danny Gregory
出版社：HYPERION
出版年份：2003

該繪本被漫畫日報譽為「年度最佳好書之一」，從一家人
三口子的故事出發，三十多歲開始手繪日記，作者用鋼筆
隨意素描日常生活的交遇，物件、人物、建築、動物等
等，偶爾加添淡淡墨色，冷硬的線條生動勾勒出城市街
景，文字裡抒發如何重新看見生活的顏色。

crEATe.
EATING,DESIGN AND FUTURE FOOD

作者：編/The Future Laboratory
出版社：Gestalten
出版年份：2008

把EAT放大，創意裡覓食，也在食物中創造未來觀點。飲
食是製造生活樂趣的重大情節，你可以是行動者，連結藝
術和生態價值的關注；可以玩味時尚潮流；可以看看新銳
的飲食空間、獨特的包裝設計，也瞧瞧創意人生裡的食
物實踐。一切扣連著「You Are What You Eat」。

ILLUSTRATED LIBRARY OF COOKING

作作者：編／The Family Circle
出版社：The Family Circle
出版年份：1972

收集坊間二手食譜，一方面常遇上系列缺漏的小困擾，但
另一方面端詳其餐桌裝飾、食物設置戶外風景等等人造情
境，反而能品嚐出不同時代的美式飲食風格與文化。此套
書依A to Z分類介紹，還特別提供不同國家的烹飪慣用密
碼，相當方便愛好者通曉定義後操作。

How to Party

關於派對的文化研究（如何是好？如何很糟？）
The Best and the Worst

如果你以為參加Party，是只要你的名字在Guest List上，套上一件你自認稱頭的衣服，準時
走進那個包廂或是誰的家裡，就可以盡興或者受到歡迎，那你太不瞭解Party的文化，也不
會是Party中的主角，How to Party？
Do And Not To Do ; Be And Not To Be。

🍸 禮貌 Be Polite

遵照Invitation上面的Dress Code，如果
只是隨興的Party，你卻盛裝打扮，那樣
的奇裝異服不但令人側目，也無禮。

記得帶上禮物，為了當天的主角，或是去
了誰家裡叨擾，送束花，一瓶好的紅酒，
食物，還是甚麼你特別的心意，那一定不
會是糖果桶或是海苔禮盒，除非是屬於孩
子們的Party。

幫忙準備或善後，招呼晚來的其他朋友，
心態和行為上，都不要只把自己當成客
人，當然，不能喧賓奪主，頤指氣使起
來。

🍸 不要挑剔 Don't Be Choosy

嫌音樂不夠正點，食物不夠好吃，妹不
夠正，地方太小，別自抬身價了，這個
Party也不是非你不可，千萬別當那種挑
三揀四的傢伙。

🍷 找個對象 Pick Someone

在Party裡面孤孤單單的也太可憐了，找個看起來順眼的對象吧！別太刻意的騷首弄姿，自然的移動到那個妳感興趣的他的區塊，露出妳最迷人的笑容，不是對著妳的菜。是對著他旁邊貌不驚人的朋友。

把球發到他的手裡，那個男人若是有別的目標，妳雖然一廂情願也保持了矜持，他恰巧對妳也感興趣，自然會找到屬於妳們的話題與妳對飲言歡，不要過分主動了，如果他是值得你等待的好貨色，留點探聽也是一種智慧，也許下一次的Party，他就是你的伴。

🍷 別挑錯對象
Don't Pick Someone Wrong

有些人千萬別勾搭了，因為那些人有沒有被妳誘惑，都會是困擾。

那個惡名昭彰上過妳所有姊妹的男人。

朋友的地下情人，她暗戀很久的對象或是甩了她的前男友。

妳不認識但是老婆在旁邊的帥哥，或者Gay。

How to Party

🍷 融入 Involve or Enjoy

別忘了Party的主題，化裝舞會，睡衣派對。也許要交換禮物，要喝酒，唱歌，跳舞，遊戲或照相，充分展現妳的配合度，不光光只是配合，每個細節都要投入，這樣才是一個稱職的賓客，妳沒看到，就連門口的那盆百合，也盡力在綻放美麗，吐出香氣，不只是迎合。

🍷 別置身事外
Don't Be Somebody Else

某人大餐當前嚷嚷著要減肥，把巧克力蛋糕上的奶油刮掉。某人醉到不醒人事，吐在魚缸裡面。也有人在自己的小宇宙中瘋狂自拍，這些個行徑太小家子氣了。

🍷 停 Just Stop

意志力快要瓦解的時候就不要再喝了，音樂不那麼強烈的時候就道別吧，不要做Party裡最後離開的人，不要作醒不來的夢。

🍷 勉強 Don't Force Yourself or Anybody

應該是一件快樂的事，不帶著一點勉強，不想來就別來，想走就離開，逼人喝酒或對性致缺缺的女孩上下其手，都是不道德的。

🍷 有趣 Be an Intertaining Person

有沒有發現，擅長講笑話很有梗的醜男，身邊的美女比總是冷場的帥哥多很多，幽默，會變魔術，懂得自我解嘲，或是了解心理星座的，他們炒熱了氣氛，也炒熱了自己的行情。

🍷 無趣 Don't Be Unentertaining

不要說格格不入的那些話，自卑的言論，沒有笑點的笑話，或是醜陋的沒有意義的隱私瘡疤，「我最近便秘好嚴重。」曾經在Party裡聽到某個漂亮的女生再把一個蘋果塔送入嘴裡時這樣說。

🍸 站著 Standing

站著是一種貼心，把位置留給其他的人。站著是一種機會，可以擁有比較多的目光和對象。站著是一種積極，可以展現魅力，俯視全場，空氣也比較好。

🍸 坐著 Keep Sitting

常常看到在Party裡坐在角落的人，他們沒幫甚麼忙，冷落了自己，也備受冷落。

🍸 帶錯伴 With the Wrong Partner

帶一個很瞎的花癡；精蟲充腦的大情聖；歇斯底里亂哭或亂笑的狂躁者，臉很臭陰鬱的自閉兒；或者沒有心的人，帶這些人會降低了Party和你的格調，千萬不要。

🍸 帶著心 Bring Your Heart

Don't Forget.

辦一個Party不是一件容易的事情，燈光，音樂，人，食物要面面俱到。參加一個Party同樣不簡單。

多付出一點心力，你會更樂在其中，Why Not?

Light Style

「這咖啡真好喝」 妳說
「是還蠻香的呢」 我說

「昨天還好嗎」 妳問
「還過得去吧」 我回

「那個麻煩還在嗎」 妳擔心
「早就置之不理了」 我輕鬆

「喜歡的人也喜歡妳嗎」 妳疑惑
「不知道呢也就這樣吧」 我笑著

「去年這個時候你們分開了吧」 妳感慨
「是啊差不多就在這個季節呢」 我回憶

那就這樣吧
那就這樣吧

無所謂空蕩

斑駁而陰雨的早晨
陽光掙扎著
自雲裡些微地浸透出來
緩慢而冷得若有似無
啊啊 打了個哆嗦
但還是堅持地
起床沖杯咖啡
給太陽一些些鼓勵

就是這樣
加油哦
不要放棄哦
持續地溫暖著

這樣的一個早晨
這樣的一個早晨

我和我
開了一場私密的派對

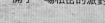

illustrated by mnookin wang, texts by Jarvis li

甍然記
最快樂的意外，不小心的派對。

The Happy Accident

甍：嘈雜聲〔noisy〕。

甍甍（眾蟲齊飛聲；填土聲、雷聲、水聲、鼓聲等）；甍然（形容人聲嘈雜）

家裡，時常不小心成為派對場域。

從沒有刻意，也不太積極鋪陳，只要留點時間給自己與朋友談心，無論有沒有酒精，甚至連一杯茶都懶得煮，白開水都好。只要花費一些時間，彼此聆聽感覺。

派對都是鬧哄哄。想把內心的期待轟出幾聲巨響，相聚結束後，不再剩下空虛，因為家是療癒場，非僅是歡場。

之1　流沙漏

有流沙，不在沙漠裡，飄零的路人前來工作室討論一本關於派對的書，並無絕對目的。
她走了進來，門鎖上。裡面的人查覺到，門開了，給了女人強而深的擁抱。幾乎把相比
之下算是嬌小的她要舉了幾來。

比起上次碰面，她是消削了些，不知道那些肉哪去了，隔著大衣，體溫和動作顯得像兩
回事，也許只是女人心事重重。

他喚她坐在吧台，現場弄了杯果醬奶茶，木匙攪著，漫不經心喝著，石榴碎粒草莓黏
渣，淡郁的幾滴威士忌，直通胃腹的暖流。

講著女人哭了一星期的故事，他再拿出一只木盒，裡面滿是精油，他稍做了一些儀式，
請她選一個火山石，依序指示挑出三瓶精油滴上，是可以參考寬慰的味道。

他要她給一個隨意的字詞，瞥見牆上的中性圖樣，臉龐俊美，她說俊美，而標題是
Hunger。之後他們便打開本子談起事情，Gather的前置，任何Party都是如此誕生。

兩個人的悄然默契，一個人內心面對矛盾的試圖安靜，都是一場彎。

後來有沒有合作這本書，已經不重要了，因為已經完成當下的儀式。

之2　參與旁觀

在聚會中，總是觀察自己也觀察別人，既是參與者，也是旁觀者，我有我的派對，你有你的狂歡。

在這棟樓中約定俗成地分成早午班，有時候還有大夜班，因為地域、時間的關係，總是無法參與對方的聚會，不是邀請與否的問題，你知道的，只是調性不同，就像電音跟浩室對不上拍子，各自發展有各自的美好，都很好。

之3　任性

早上來上班的時候（是的，我是早班），如果我看見後門沒關，那麼地下室絕對有昨夜貓兒開派對的痕跡，貓性的我行我素非要在他中意的地點排洩，昨晚到底發生了什麼事只有牠們知道，我們討論了很久卻拿不出辦法對付這兩位任性的孩子，只能任牠們想做什麼就做什麼，就算是錯事也樂此不疲。

有時候我們總是為那些我們所愛的人事物妥協到連自己都意想不到的地步。
這棟樓裡的一切，都任性，都妥協，都意想不到，就算是不那麼美好的，都照單全收，消化後發展出驚人的姿態，它們默默的調合，曖曖的發著微光。
想要見證，需要依靠很多的熱情勇氣來維持，而且可遇不可求。

之4　漫調

我沒有去過更遠的地方，但聽說那裡的人都急躁得很。
因此慶幸我還能待在這裡，和你們一起，想聊創作你興致盎然，想聽歌我來放音樂，想吃私房料理他會準備，（只）需交付真感情，這真簡單也真不簡單。
早上放電子音樂動次動次快轉著動作，晚上播藍調呢喃緩慢了步調，佐以薑茶或咖哩味瀰散在整棟樓，伴著香菸徐徐燃燒的味道。
這裡的時間靜止無聲，光線、氛圍都無法複製，坐在這裡，什麼都慢了下來，你的、我的空間並不在同一個，你的早餐是我的午餐，我下班你上班。
日夜交替，在同一棟樓內，我們共享自然輕鬆。

之5　派對和趴替

按字面的意思，派對要有派，有派就對了，趴替得有人輪替才夠趴。
（不得不佩服翻譯的智慧及遠見。）

輪替什麼呢？放音樂，講（笑）話，跳舞，吃喝，因為除非是生產線，否
則不可能一群人同時做一件事做個沒完，趴替就是要有人輪替才有意思，
像個花蝴蝶似的這邊轉轉那邊坐坐，整個場子就活絡起來了，每個人都互
相認識了，趴替就算是成功了。

至於派對要有派，那就更白話了。
這裡辦的派對，每次都有派。
蘋果香蕉草莓藍莓花生鳳梨巧克力可可杏仁美乃滋起士甜的鹹的酸的大的
小的圓的扁的花的還有小牛形狀的，切一切分一分或者拿著邊走邊吃，完
全的帥氣手指餐，更增派對歡樂氣氛，吃巧又吃飽，營養豐富回味無窮。
旁觀者細膩觀察著與會者的神色表情及話語，也從那裡發現自己的樣貌，
吃喝、創作都不僅僅是題目而已，透過涉入及咀嚼產出的交換，我們之間
有著界限卻很親近。

在派對裡一直輪替著的，就是這些風景。
或者是說，因為這些人事物，讓家裡絕對。

非常布朗趣的
飛兒威派對

A Brunch for Farewell Away Party

餐桌上即席表演
擁抱的時候
要輕輕嘆息
稀飯與果醬
認真彼此對待
冒險與煎蛋太努力
很難早起
離別的時候開心大笑
因為捨不得
獨自做太長的白日夢
不算晚早餐
也不算早午餐
撇去了這樣或那樣才好稱謂
只是單純的想要在一起
如此而已

受不了離別的時候總是要依依不捨。

又是下午茶、還是麻辣鍋，都俗套。
考量喜愛擁抱，以及彼此寵溺的所以，
使用室內早午餐作為暫時離別的逗點。
他們都歡樂同意。還說好，
墨鏡是不可或缺的表演。

說再見於是，是這樣開始的……。

★BRUNCH PARTY FOR US★

10：00

聽起來剛剛好早午餐時間，
但可想而知的默契賴床以及無所謂遲到，
反正，那天是他們選好了的，
不必趕著去幹嘛的日子。

7：30

是互相以電話叫床的時間。
「欸，起床囉！」
「喔，好。」

8：10

是確認彼此真的起床的時間。
「你在幹嘛？」
「恩，我真的起床了！」
「真的嘛？」
「真的。」
「那等會兒見！」
「恩，等會兒見！」

9：20

所有不擅長早起的人們，在即將有早午餐的室內聚集了。
然後他們需要墨鏡以及咖啡。
然後需要一點時間。
K默默先將餐桌上應該有的光源調整、L準備杯子以及碗盤，
另一個K走到後台把昨晚派對的餐具洗乾淨、R餵貓，
以及不好意思，我們還有第三個K，她換了花瓶裡的水。
M答應要當今日早午餐的主廚，他跟其他所有的人一樣，
都遲到了。（時間長短不一就是）
但是沒關係。
因為M順路先打包了知名早餐店的蛋餅和紅茶豆漿，
不過沒有人願意先吃。（他們深知等待的價值。）

je suis plein

9：30

他們開始對話。

M：「我忘記買蛋了！」
其他人：「……」
忘記事情，其實是日常生活中常常會發生的。
對於M而言，我們已經學會不再苛責。因為這是一場派對，
而且，他不是故意的，
而且，其他人偶而也會忘記些什麼。對吧？
（對於住在台灣的幸運的我們，忘記買的蛋，其實只要趕快去
7-11買回來，就好了！因此而破壞氣氛是無聊且浪費美好時光
的。）

K：「我今天可以不用負責任何事情嗎？」
R：「恩，好阿！今天你就負責抽煙以及等待。」
第三個K：「但或許你可以幫忙整理一下桌上的花？」K：「沒
問題。」
對於平常負責餵飽大家的人而言，有時候也需要一點Break
Time。就像是喝慣了可樂，也該來點柳橙汁是一樣的意思。何
況，聽說今天M即將帶來大家從未曾嘗試過的新菜色。
（只有自己人的Party裡，實驗性質的餐點絕對是有潛力帶來驚
喜；正式場合或對陌生人開放的Party，則不建議做料理實驗。
因為那有可能會帶來傷害。）

10：30

RUBY的布朗趣派對菜單確定
- 紅石榴草莓醬圓土司 佐 動物積木
- 早市的奶油煎餅 佐 古董花鳥盤
- M家附近的紅茶豆漿 佐 古早味玻璃杯
- M的創新口味法式太陽土司 佐 德國香腸炒洋蔥
- 第三個K的胡椒湖泊稀飯 佐 R媽媽的豆豉魚
- 新鮮買的紅蘋果切盤 佐 水蜜桃蜂蜜
- 外加兩隻虎視眈眈的貓咪 佐 隨時想偷吃的心情

10：45

經過了一段時間的拍照，和捨不得吃那一桌子的瘋狂美麗。就
像R說該離開的時候，應該要想著再見面的時候的喜悅才是，
他們都知道這一場早午餐的聚會只是一顆好吃的小小逗點。

吃飽了出發，肚子餓了就回家。

我們家的Ruby要出國深造了，
不辦個派對怎麼行？

完全不想要那種喝酒狂歡，事後卻極盡空虛的聚會。所以我們一起為了理想未來而努力早起，因為陽光太大，室內燈火也太強，所以墨鏡是一定要的，這讓我們想到第凡內早餐，那樣優雅，卻帶著頹廢的氣息。

既然是早午餐，又帶有離別的成份，所以一定要有Ruby最喜歡的早餐，紅茶豆漿及蛋餅，以後出國就吃不到了。

一切不想刻意，也不能太隨便。從台灣味十足的小點，稀飯，媽媽的愛心私煮，一直到傳統英式下午茶搭配的法國紅石榴草莓醬圓土司，收在櫥櫃裡的古董花鳥盤也該是端出時候，呼吸空氣了。

離別派對，最重要的就是心意，而非盲目爛醉，當然想喝掛也是可以！因為我們擁抱彼此，夾雜著難過與祝福。這絕對不是一場「空談」的團聚，而是接近靈魂需要的理想。

日和容器承載
生活團聚
A Daily Party

fill、feel、filed。居心、人心、物心。

fill out 填滿虛空，fill in 置入想妄，filling生活餡料，fillab生命實驗。

清領時期，大量帶來各省分漢人的居住方式及當朝的禮制空間，也帶來了宗教與傳統飲食，到了日治時期日人有計劃的移植日本的風土建築及歐美新時代的技術建設台灣近代都市，慢慢城市裡也出現了裝飾藝術的構件或是和漢風格的家具，台灣的都市化在經歷了不同的文化洗禮與戰後艱困的環境，不只改變盛載人類居住的建築，也影響了盛裝生活的容器。

進到日式小房子，勾引日常情緒的邀約已經開始，請輕聲細語，感覺豐富時間記憶。

容器，一個穿接物質與精神世界的載體，小至一個居住微型單位，大到一個社會面貌或地球母體，人類於其中謀取基本生存和生活方式，可以說我們都只是被置放在一個個尺度（scale）不同的容器裡，外部有各項資訊輸入（input），通過「心」這個獨特的流量處理器，輸出（output）相對人的境況（human condition）之回應，瞬息萬變的數位年代，所有老舊的殘骸遺跡大量被否定，新的替換舊的，來不及留下意義。除了精準描述、再現議題文本，也企圖進一步鋪展成為文化研究的論述批判。

人，一個宇宙居住者，單一或群體，生活在室內，工作在辦公室，遊樂在戶外，這些不應只等同視之為單純的物理或自然環境，而是會散發生命氣息的生命體。習擅細膩觀察空間紋理並以溫厚書寫見長的日本建築師中村好文，他便提出：「所謂『住宅』，並非只是把人的肉體放進去，在裡面過著日常生活的一個容器，它必須也是能夠讓人的心，安穩地、豐富地、融洽地繼續住下去的地方。」住宅如此，人的安定亦如此，資本社會造成人與真實世界連結對話的巨大斷裂，所以更需要心念的重新活躍，心態的積極化轉來打破個人主義的疏離，藉由居心、人心、物心三大主軸概念，梳理老房子、老行業、器物件、情感、手藝、原居地等當代題旨的新公共意涵，不流從緬懷自逸，細節輪廓卻是理解整體結構的核心架構，跨領域多元地省思二十一世紀的文明問題。

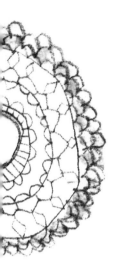

這是一場在台南的小旅行。我們獲邀至生活器物職人劉上鳴的日遺小屋。在這樣一個充滿「空」的世界裡，我們聊了關於居住與容器的概念，甚至還想出一本小雜誌。

這是我們的想像，也希望你（妳）給我們些意見。

創刊號「老房子」 Apartment Ages

近年來老房子變成流行顯學之一，但改建老房子自用或商業消費用途，仍多著重外觀設計形象的成效。老房子其實是建立生活的重大想像，從如何尋找老房子，北中南地區到國外城市的對待模式，並非實用主義的案例補充，搭立生活美學以呼應居心脈絡。

第二期「老職人」 Where Are You?

傳統行業陸續凋零，匠人師傅的技藝難以傳承，而產業復甦亦非短期可見效，於此之際，尤其需要文字圖像的功能介入，它轉介認識，勾勒並創造新形態的討論。

第三期「器物件」 Objects of Desire

延續第二期之於物心的面向，它是一個無法全用金錢買賣且很難取得的限量物件，又不是華奢的高價；或也可能是某一個魔幻氛圍，時空交界，讓人戀上器物件。

第四期「情感」 Needs and Wants

自物件的隱喻符號學擴充、尋找出人心的愛憐，從一個空間角落發現家人的愛，細細幽微。

第五期「手藝」Hand-made Craft

一雙手相對藝能，足以強調、暴露最多的故事，必須用手工作的職業包括木工、裁縫、插花、竹器、漆器等各種產業，還有寫字的人。手製作成的物，末了與中途都富具了針對投射對象的感情傳達，環扣著物心和人心的雙重指涉。

第六期「原居地」Home Sweet Home

八八風災後的原住民部落住宅及生活重建，缺乏焦點新聞，便遠離了大眾視聽範圍，然而，何謂居所需求、土地倫理？重建政策的僵硬粗糙，釀成部落分裂文化分離的失根陷阱，正是可適切詮釋居心的田野現象調查。

清爽壽司　番茄炒蛋與味增湯

在這樣一個唯有以「日和」形容的場域裡，我們之間的話題猶如投下現今文化核子爆炸。

在大創買的壽司捲以及飯糰製器，沒有負擔地製作凌晨三點二十分的宵夜（或說是還沒睡的早餐）。慢慢咀嚼細細談吐，我們都有理想作一本值得留藏的生活雜誌，卻沒有太大進度的預期。

這絕對不是一場「空談」的團聚，而是接近靈魂需要的理想。

Picnic Party 野餐派對

你不覺得很適合野餐嗎？
譬如說便當。

How About Having a Picnic?

我們吃進多少機器製造的食物？
我們吃進多少真空料理包？
我們吃進多少沒有用「心」料理的感動？
找個時間自己準備便當，找一棵有蔭的樹下，
或僅僅只是能遮陽的美好角落，
就可以來場最溫馨的野餐派對，一點都不難！

食物是有能量，有靈氣的。小時候媽媽的便當菜，雖然可能是隔夜的，葉菜
可能發黃，但看見排列整齊的佳餚好好鋪在白飯上，絕對是花俏自助餐比不
上的。

我不是一個高調的廚師，只想當個友善的藝術家，在便當裡畫畫。

便當不一定只是飯食，也可以是富有野餐氣息的三明治。有時候三明治忘了
吃，存在冰箱裡，微波不見得好吃，不如蘸點蛋液，讓自己的午餐充滿日式
或法式野餐氣息吧。

不到15分鐘就能充滿浪漫小感動！派對不需要過度鋪張，也不一定要邀約太多人，能夠給自己一點時間與朋友相處，彼此談談理想，生活就能芬芳。

家是一個最接近自己的食堂。不需明顯招牌，沒有固定菜色，用不著每天開放。但，沒有感情，就無法享用為自己量身訂製的食肆。這樣聽起來也許讓人覺得好大牌。但是，絕對保證，吃下肚子裡的，完全來自於廚房的靈魂。

私廚和分子料理是現在的時髦話題，當廚師與科學家成為好朋友，第一步就是將所有帶有空氣的細緻泡沫帶著巨大的震撼力，轟炸味蕾。（是很眩，確有可能不感動。）

丟掉時髦的分子料理學。

私廚，典型的私人廚房，設在一個普通的公寓，座位數通常小於10個客戶。甚至沒有政府的營業登記許可證，沒有明顯路標，廣告通常透過口耳相傳。 如何找出私人廚房？ 能不能在電話簿中查到預訂號碼？但熟路人都可以吃到我家的菜餚。

在一個像是盒子的場域，明顯發現大廚的美感經驗，提供令人興奮像是餐廳品質的氣息，就在窩在自己的小屋一樣舒適。

沒有什麼比一個偉大的野餐派對偉大。增進親密關係，隱私兼顧。專業的私人廚房精緻晚宴，甚至可以邀請大廚到家烹煮，甚至在度假小屋、遊艇、飛機吃到感人食物也是不無可能。

要是你（妳）有幸吃到，請記得說聲感謝，因為，我可是抱著沒有下一次的心情，請細嚼吞嚥。

吃不完，可以包回家帶便當，找個有樹有草地，甚至公車上野餐。

法式三明治 野餐感便當

*材料:

1. 隔夜三明治（請存放於冷藏區，別將其中的新鮮蔬菜凍壞。）
2. 香腸
3. 牛番茄
4. 新鮮薄荷
5. 蘿蔓生菜或奶油生菜
6. 毛豆（熟食或再調味皆可）
7. 海鹽、黑胡椒粒、乾燥巴西里葉
8. 雞蛋

*作法:

1. 蛋液加入適量海鹽、黑胡椒粒、乾燥巴西里葉，攪拌均勻。（加點帕馬森起士更棒）
2. 將三明治五面均勻吸收調味過的蛋液。
3. 準備平底鍋，開小火。放入距離鍋面約2mm左右橄欖油。（油要多，介於煎與炸之間最好。）
4. 以筷子測試油溫。（筷間插入油，產生微微氣泡為最佳料理時機。）
5. 將均勻吸收蛋液的三明治，與香腸一起放入鍋煎炸。節省料理時間。
6. 將牛番茄切片。生菜洗淨，剝去不易咀嚼部份。

日式雜炊
素人風便當

天氣轉涼，或是心裡想要一點溫暖的時候，適合慢慢熬煮雜炊。

傳統的日式雜炊是要米粒分明，但我的家人們喜歡糊糊口感。大概是因為小時候感冒生病，沒有食慾，所以吃下母親熬煮的熱呼呼稀飯，配上一點清淡與鹹口的小菜，總是會有立即性的，幸福感效果。

或是，家裡煮的湯有剩下，好料都被吃完了，精華可別浪費。後來大家都會學我，要求店員留下火鍋的湯頭，回家熬煮雜炊，加一點味噌可以綜合食物的味道，更增添濃郁順口的滋味。

雜炊就像是工藝，注重工序與食材整理，能把剩餘的菜餚轉變至極品料理。是對於天物的敬意，更是對生活珍惜的日和習慣。

要有耐心，緩緩攪拌，加入情感，是雜炊直達天聽的技巧。

是不是日本料理達人已經不重要，而是有著自我療癒的感覺。

＊材料：

1. 隔夜菜（請將牛肉、豬肉、海鮮、蔬菜個別收於保鮮盒，存放於冷藏區。）
2. 雞湯塊（或牛肉湯塊或是任何湯料底）
3. 生米約150ml
4. 牛蒡絲或海帶芽
5. 芝麻（黑白皆可）
6. 雞蛋

＊作法：

1. 雜炊絕非胡亂丟入熬煮，重點在於分類與放入熬煮的順序。
2. 準備小鍋，放入約500c.c.水，滾後加入湯塊，或直接加入湯底。
3. 先放入適合長時間燉煮入味的材料。（例如牛筋、牛腱）
4. 蝦頭也非常適合一開始熬煮，增添雜炊風味。
5. 海鮮類（貝類、魚肉、花枝等）千萬不能一開始丟入，會老化難吃。
6. 以木匙緩緩攪拌，以免沾鍋。
7. 若喜歡米粒分開的口感，可以不要熬煮過久。
8. 起鍋前五分鐘，加入海鮮類食材。
9. 假如過稠，不易攪拌，可適量加入水稍微稀釋。
10. 可打個蛋花，或是加入海帶芽豐富咀嚼層次。
11. 製作雜炊便當，切記將食材與配菜乾溼分離。
12. 因為口感豐富，混合各式食材偏鹹，熱食為佳。

驚喜幸福烤秋刀魚便當

打開便當，總希望會有小小的驚喜。

到菜市場買一些現成的熟食，其實很方便，不需要有罪惡感。誰說便當一定要從頭到尾完成才是真心？買一些自己喜歡的或是小孩愛的，老公想吃的，一定會得到感激。

但還是要有一些自己的拿手主菜。芝麻醬油烤秋刀魚，非常簡單，也非常適合便當入菜，加上一塊檸檬，彷彿剛剛從餐桌上直接裝入餐盒，一定會招來他人忌妒。這讓我想到日本主婦們用盡心機準備午餐，就是不想讓小孩被比下去，在人際關係中獲得優越感其實很重要。

一個擺放適得其所的食肆小空間，就像一個令人安心的房間，窩在裡面覺得飽足，舒服。（加上小驚喜。）

＊材料：	＊作法：
1.去內臟秋刀魚（請要求魚販代為處理乾淨）	1.準備平底鍋，放入約1cm橄欖油或沙拉油。
2.雞蛋	2.以筷子試溫度，插入時冒出微細泡沫時，將秋刀魚兩面炸約各30秒。
3.白飯	3.打蛋，倒入有魚味的油炸，記得不要全熟，留一點蛋汁撈起備用。（也可以事先調味，加少許海鹽與黑胡椒粒即可。）
4.市場熟食（請避免海鮮類）	4.便當底下先鋪一層蛋皮，後放入白飯，米粒吸入蛋汁異常可口。不妨想像一下，鏟下米飯，發現下方藏有一層柔滑與香炸的蛋皮，一定會很開心！
5.蘿蔓葉或可生食菜葉	5.將微炸過的秋刀魚抹上醬油膏（或是蠔油），撒上一點點白芝麻，放上烤架或是烤箱（200℃烤20分鐘）。
6.檸檬或萊姆	6.在白飯上放菜葉，後將烤香的秋刀魚放上，切檸檬片裝飾。
	7.其他空位放上菜市場購來的熟食，我喜歡放上紅燒肉以及大腸等小菜。
	8.秋刀魚加上醬油烤後，味道會很重，可以包裹一層保鮮膜隔絕。

泡菜美奶滋牛花飯團便當

這是一次簡單，健康又美味的便當想法。讓廚房成為全家人的交流空間吧。思考全家人喜歡的食材，一定會讓情感升溫！

少油少鹽，只需要一點點美奶滋，加上手感，甚至邀約全家人一起動手玩料理，就可以開開心心完成好幾個飯團。飯團餡料可依照個人口味調製，基本上不要過溼即可。只要加入一些些美奶滋，就會讓入口咀嚼時感覺驚喜與味蕾樂趣。

鰹魚醬油可以直接炒熟洋蔥，後加入豬或是牛五花薄片，即有油脂，不需加鹽與油，就有滑嫩效果。（或是將熱肉片直接攪拌少許蛋液，口感更馥郁。）
假如忍不住想偷吃一點，那又何妨？

＊材料：

1. 牛五花薄片約100克
   （請要求肉販盡量薄切）
2. 牛腱肉片（市場熟食）
3. 韓國泡菜
4. 鮪魚罐頭
5. 熟食明太子
6. 洋蔥
7. 鰹魚醬油
8. 美奶滋
9. 蘿蔓生菜或是可生食蔬菜
10. 醋水（約50c.c.倒入醋約2ml）

＊作法：

1. 準備燒鍋，開小火，直接丟入洋蔥切片與鰹魚醬油。
   （無需加油及鹽）
2. 慢燉洋蔥至半透明狀，若醬油收乾可加入適量開水。
3. 待醬燒洋蔥軟嫩，以夾子捏入牛五花薄片攪煮。
   （小心不要讓肉過老）
4. 將美奶滋加入適量韓國泡菜及鮪魚，攪拌均勻。
   （過程中不斷測試符合個人口味）
5. 泡菜鮪魚醬完成後，再加入明太子略微攪拌，以免魚卵碎裂。
6. 雙手掌指蘸醋水。（切勿過溼，主要增添飯團口感與防腐）
7. 手指微彎，鋪上約1cm白飯，後填上泡菜鮪魚明太子餡料。
8. 蓋上約1cm白飯，以手掌先捏為球狀。
9. 後以手指角度與手腕捏成三角狀。
10. 鋪上生菜，放入一至兩個飯團，間隙放入牛腱肉片。
    （薑炒豬肝滋味也美妙）
11. 最後擠上美奶滋條裝飾。（可再撒上芝麻或是七味粉）

香煎雞腿米糕
台灣懷古便當

你不用擔心，我會照顧自己。知道你正一個人吃飯，我現在也一個人吃飯。手機那頭傳來訊息，關於房間曬過舖好的床。這頭電鍋掀開，讓眼鏡起霧的香。我默默在廚房，準備著讓能你帶走的我的味道。

我們之間沒有承諾，只有默契。我知道你在天涼的時候需要一些飲食安慰。你也總在享用便當後，給我一個簡訊，滿足的微笑。什麼都不需要多說，只要彼此清楚明白，就好。
你喜歡吃記憶中奶奶味道的油飯，於是試著複製。像不像不是重點，而是我們一起創造新的氣味與未來。

麻油爆香，是我們之間的濃。黃金煎焦雞腿，是我們之間的癮。沒有水只有米酒，是我們之間的純。舖上糖心荷包蛋，是我們之間的甜。
油飯，熱熱吃很暖，冷冷吃很Q。晚餐、早餐到午餐，是一種味道的延續。不用急著吃完。
（我知道你吃很慢。）
這樣的味道，任何時刻，咀嚼都剛好。

＊材料：

1. 麻油
2. 薑末
3. 蝦米
4. 油蔥酥
5. 乾香菇
6. 雞腿肉1支
7. 長糯米2杯
8. 紅標米酒1瓶
9. 雞蛋
10. 關東煮蘿蔔泥
11. 大同電鍋

＊作法：

1. 鍋不用熱就倒入麻油（避免大量油煙）炒香薑末、蝦米、油蔥酥，和泡軟的香菇。
2. 香煎雞腿肉至焦焦的金黃色澤。
3. 加入長糯米拌炒和米酒。
   比例是雞腿肉1支：長糯米2杯：紅標米酒1瓶（不加水）
4. 將炒好的食料移至內鍋，外鍋1.5杯水，並按下煮飯鈕。切記！
5. 待顯示保溫後悶置10～15分鐘，再掀鍋。
6. 慢火小煎不用翻面糖心蛋當配菜。
7. 壓碎蘿蔔泥，調入麻油、醬油、碎核桃當沾醬。

Medium Style

請自便
櫃子上有威士忌　冰塊冷凍庫裡
烤箱內有甜鹹派　刀叉在廚架上
廁所在後面左邊　要沖水燈要關

請自便
你在派對裡　我也派對裡
所以
請自便

音樂是我選的
DVD是他播的
你剛買的披薩就先放桌上吧
我們都在派對裡
隨意吧隨意
想窩哪就窩哪

CHEERS!
為了我剛被掛電話
CHEERS!
為了他告白被打槍
CHEERS!
為了你今天在或是你明天不在
又或不為什麼
CHEERS!

還不是深談的時候
我需要再多喝點酒

還不是縱情的時候
我手邊還有些工作

不要覺得無聊　我們在派對裡
讓氛圍自行醞釀
熟成的派對是很有趣的

在此之前
請自便

不招待了　因為我也在派對裡

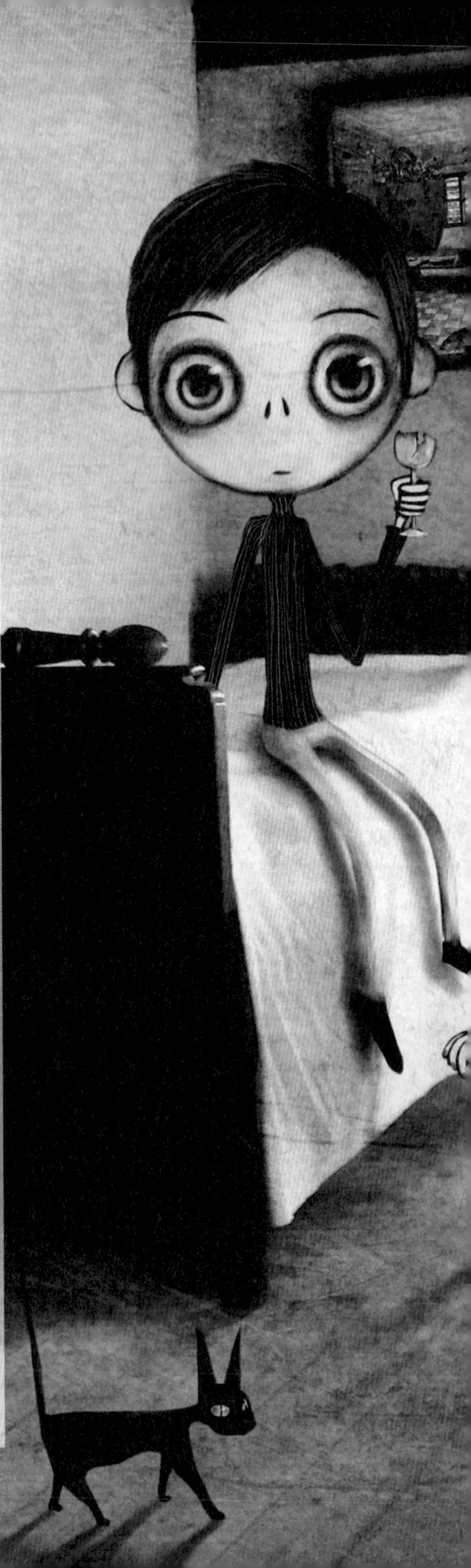

illustrated by mnookin wang, texts by Jarvis li

Pie & Party 有派才對

輕輕地 徹徹底底的
小咬一口 鵪鶉鹹派

Make A Pie For Party ! Quail Quiche

與台南淵源頗深。

自學生時代，不喜歡唸書。倒常流連於台南創作空間，義務佈展。

那種緩慢也悠閒的氛圍，想有就有。說也奇怪，一到這裡，腳步不由自主放慢起來。

扯的有點遠了。

鵪鶉鹹派 Quail Quiche，是認識多年好友Claire的心血結晶，雖然這描述有點過頭，

卻也是對她工作多年自創品牌理念的一種敬佩。

這幾天，在手機攝影社群，朋友分享在台北攝影棚角落；有著復古皮箱和普普壁紙背景，對照自我了解與認知，這很假，根本是一整個刻意設定出來的。

這麼說，也許囂張。

但這樣的事物，在台南一點也不稀罕（多到路邊不需要特別注意，都能撿到），「老屋欣力」，其實只是個莫名標籤。

在這裡，器物僅是自然而然（生命中的日常使用）。

餐飲，並不只是料理。

但，或多或少都要說點。更希望閱讀此篇的你（妳）們，真能親身體驗。

與Claire認識是在高雄。那時對她的印象，精通中西料理，有很多工作經歷，這樣的熱情也延續到這間小店。

婚後隨著丈夫回台南深耕發展，與先生構思這間小店，也是概念的既有延伸。

「用心過生活，作點心過生活。」

很順口的一句話，卻包含了他們專注的理念，強調「手作」精神與「手感」風格。

這樣的想法，徹底落實在這輕巧的空間中。

首先，鹹派店是間老屋。

輕顏感，在空間運用上，盡量保留老屋感覺只做簡單裝修，整體輕鬆優雅，刷上白色，除了讓客人放鬆（空），隨意裝置朋友的日常創作，不就是美術館？店外布旗低調，須配合老屋。店名初始，藉由手寫發生實驗，理當成為標準字。

鵪鶉鹹派Logo，一樣源自塗鴉隨筆。

一進到店裡，映入眼裡的是，將空間一分為二的吧台，一眼看盡製作過程，不需隱瞞，料理行進自有秩序，慵懶積極，處之泰然。

偶遇，卻熟識；竟然，當天（晚）就獲邀訪，打擾住處。

適時利用撿拾收集的，或既有的。

區隔空間，親近，亦保有自己空間。

但為何是鹹派？

初始，因為另一半建議，另一方面是因為「鹹派」，「嗯」，「quiche」，一直很少人願意真正用心製作。

某次。

幫他們拍攝照片時候，一時興起，下手捏了派殼才明瞭，原來他們的派殼是
真正完全手工捏製，口感紮實。

源自專業廚師要求，食材用料方面絕不馬虎。

因為這樣嚴格的製作過程，迫使每日限量！

限量果然殘酷。

由衷希望客人來店裡，是放鬆愉悅的。

創作一直是我很喜歡的區塊，所以店裡一定要放著好友的日常作品，或者是
照片、插畫、隨筆塗鴉……。店裡的書與雜誌，都是看過的，而不是假裝氣
質所挑選的！

或許，這像是初見面時；外表給人的第一印象。

有人說這裡是日系，或說是法式，真沒是感覺（sense）。

店裡引進的茶葉與食材，全數源自於台灣本土。

台灣其實有很多原生的東西，完全不需要抄襲或移植國外。

我是我自己，把自己作到好而已。

備註：鹹派店在2010年初於台南府前路上老屋中誕生，現在有個名詞叫「老屋欣力」，
（不知道的，請GOOGLE）。

簡易鹹派食譜！

材料：
1. 橄欖油3大匙
2. 鹽少許
3. 洋蔥1/4顆切碎
4. 培根3片切碎
5. 洋菇5朵切片
6. 波菜3株切段

蛋液調製比例：鮮奶 44%、
鮮奶油44%、蛋黃12%

作法：
1. 將材料部分依照順序放入鍋內炒熟，最後再下鹽做調味。
2. 調製蛋液：鮮奶+鮮奶油煮至60～70℃左右，倒入蛋液內快速的打勻即可。
3. 最後記得去烘焙材料行買個現成的派皮，將上述的材料放入，烤箱預熱約180℃烤20分鐘或是烤到熟即可。

Drawing Party 塗鴉派對

塗鴉只能發生不刻意瞬間
就像偶然發明的鴨肉咖哩

The Life Drawing Party

塗鴉指在公共或私有設施（如牆壁）上
的人為和有意圖的標記。塗鴉可以是圖
畫，也可以是文字。未經設施擁有者許
可的塗鴉一般屬違法或犯罪行為。

假如我開放一面牆，提供料理與創作不
刻意發生，但這樣刻意的行為，可能已
經違反左派精神。但又如何呢？這樣的
想法在煮咖哩時，加入吃不完的北京烤
鴨消失殆盡。

曾經認為我可能不愛熱鬧，對於人多的場所多少有一點壓迫，不覺得派對會是我出現的地方。

偶爾試著去做一件可能不那麼恰當的事，而所謂的不恰當非關是非對錯，只是自己覺得存疑也可能是不好意思，沒有理由的只想要拒絕或排斥的事。

例如在電影院大笑大哭，有些片段確實深深地無預警地觸動你的笑點或哭點，但自己卻沒辦法率真的表現出來。

有一面牆，原來是空白的。經過的朋友在我的邀約後留下各式各樣痕跡。有時候很多人一起，有時候只是想在獨處時閱讀眾人曾經過記憶。

當一個人獨處的時候，總想到某些朋友，期待能陪伴在身旁，朋友圍繞在身旁時，卻找不到一個人可以親近，只想一個人好好的靜靜。

不能平衡需要或是被需要，於是開始變得太被動，太過隱藏自己，回到最初點，也許不是最單純的狀態，但可能只是要或不要二選一罷了。

人與人間的交會，常常來不及察覺已經展開。

在記憶的某處只會留下一道模糊的場景，若是想要親眼見到這些隨時發生的巧合，循著這樣的軌跡反向推演，建構一個形式上完全開放的場景，一段可長可短總是會有結束的時間，這就是一場派對的基本雛形。

隨時可以加入，無處不成立，若不是偏執的刻意排斥，每個人都可以慢慢發現屬於自己的派對。你的朋友自然會受到召喚，那是屬於自己的，如果堅持絕對的封鎖自己，那也恐怕是最瘋狂的派對選擇，門檻最奇幻之一。

派對中我喜歡窩著看大家聊天，我只想確保我不會睡著，不能錯過可能發生的任何事情，派對裡有趣的地方是，任何一件不可思議不合常規，都會被視為值得期待的驚喜，就像有個人喝個爛醉突然發狂，還能在同時聽到哈哈大笑的一派輕鬆，有人聊音樂聊時事聊八卦，有人只想顧左右而言他像小腦受損的想找回方向感，一但派對結束，設定好的鬧鐘會叫醒理智。

一切恢復可能除了場地。

同樣我認為所謂的派對就是使用一個空間，或一段時空來換取每個不曾交集的故事。

在派對上有人掏心掏肺，有人狂灑狗血，有人穿梭其中還能保持低辦識，有人自然成為焦點，當派對結束所有的也都會跟著結束或是漸忘，誰會帶走誰的故事彼此有默契保持平衡，就像離開總會說再見，即便何時能再見。

曾經聽過一句話，「最完美的派對就是開始不用準備，結束不用整理」，人不也如此，所以才需要不斷大量的派對。

除了被允許的塗鴉，所以的一切都必須回到原點，以及那些不小心被摔壞的杯子盤子。

那晚 我們讓烤鴨昇華

塗鴉其實是一種「到此一遊」。咖哩的口味在世界各地都有當地變化。

每一次吃北京烤鴨，都覺得剩下來的好多。在此與大家分享一些延續美食的方法。鴨架可以慢熬稀飯，或是拿來熬煮咖哩醬汁，鴨肉煮太久會硬澀，不妨等到稀飯與咖哩調製料理完成後再放入稍滾即可。

塗鴉也像鴨肉咖哩，那麼有步驟與疊疊層次，那晚我們享受了馥郁的創作時光，也享口腹飽足。

所有的一切不刻意也沒有擔心，喜怒哀樂會有的情緒身心理反應，都一一昇華了，像是文藝復興時期的米開朗基羅壁畫，藉由創作與料理同時並進，接近當時瞬間剎那永恆。

到此一遊，成了最深最深的印記。

備註：特別感謝當晚的藝術家朋友們。你們料理了一面心中宏偉的當代牆面。

當所有的人都說Vintage，別忘記問問自己為什麼適合。別因為買一件二手皮衣而自我討喜。
當便利商店都買得到關東煮，我還是想尋找傳統日式燉物的經典味道。

Oden Party 關東煮派對

經典　是像
白蘿蔔慢慢燉出來的

The Classic Oden Party

不算是個時髦的人,卻一直被貼上時尚標籤。

大概是因為第一本書《時髦書寫 Fashion Texts》讓出版社基於行銷角度標示上"時尚首席文案",從此貼上讀者與朋友腦頁,無法撕除,也無法改寫。有點類似關東煮裡面一定有燉得接近透明的大根厚切,雖然味道沒有甜不辣重,但卻需要那有點苦味的清甜襯托。

困擾了好幾年,總覺得這是一種創作的罪孽。因為時尚已經被汙名化了。時尚手機、時尚傢俱、時尚網站,就連馬桶與莫名事物都要貼上時尚二字以誓端尖。深怕落伍過氣,卻貼上虛名沾一點邊。在所謂"時尚"平面媒體工作將近十餘年,不喜歡台灣的過度吹捧,每次報導總要寫些自己的意見,不一定照著新聞稿上的自吹自擂,更極力擺脫廣編稿的制式化,多年來的文字與意識形態集結,也出版了好幾本書。

自從關東煮在便利商店出現，到了京都也不像以前會捧著燙口的
紙碗，一呼一呼著吃，不那麼懷念了。

在暢銷雜誌工作久了，發現賣得好不一定品質高。有時候只是因
為封面人物，或者是贈品物超所質，甚至是因為一個莫名奇妙的
無聊話題。我的書不一定暢銷，卻堅持必須經過時間的考驗。長
銷更好。

很開心不是每一個人都認識自己，但是知道我的人都像是朋友可
以相互關心。我有很多朋友原來都是讀者，後來變成非常好的合
作夥伴。我其實沒有什麼，只是大家願意與我分享些什麼，更容
許我經過或多或少修改存放在書裡。

為了感謝被書寫進題材裡，以及陪伴自己這陣子創作的朋友們，
決定買一個二手的關東煮電爐，辦一場蘿蔔湯派對。

從一個喜歡寫字的人，變成一個出書被消費的人。心裡是有許多
情緒的。當日記裡的、部落格裡的、facebook臉書裡的，各種私
人意見為了滿足邀稿字數，都必須成為公開的敘述，我的文字裡
幾乎沒有祕密了。

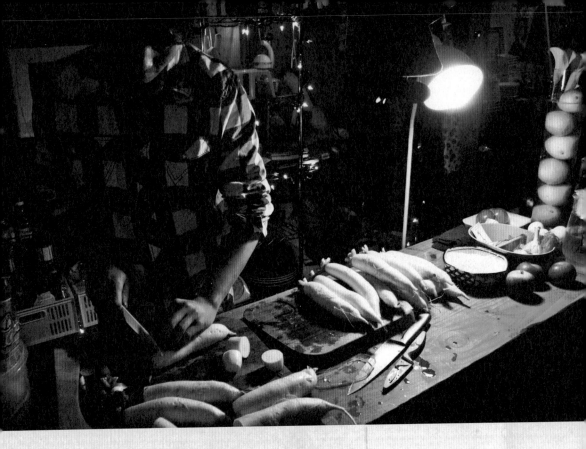

所以，只好在各種非文字的創作形式裡抒發感
覺。沒有具體風格的畫作，沒有明白意義的裝
置，沒有偉大概念支持的表演，憑藉著從不稱
上顯學的結構即興以及自動性技法的自我研究
練習，就是想擺脫那些被吹捧的形式，被沿用
多時的目的。

這樣其實辛苦。要不被大眾價值約束。

參加了過多令人趨之若鶩的派對，或經常獲邀
至需要人脈得以進入的場域，其實好膩好膩。
（並不是不屑，而是覺得自己不適合。）因為
不喜歡非交心的虛偽社交，不喜歡假裝熱情的
擁抱，我的手機裡，有太多酒酣耳熱後留下的
疑惑號碼，卻不知道是誰；為什麼。後來，偶
然遺失手機。也不急著查詢。反而覺得好像重

新在人際關係中活出新的生命。

瞭解趨勢的發生原因與製造過程,反而對於老舊的事物感到興趣。因為一本舊書不需要熱門排行榜,一張專輯不需要人人頌唱,一件衣物不需要標上設計師品牌,一個空間不需要明星站台……,時尚人其實不需要盲目追隨,而是要自我創造。每個人都有成為潮流意見領袖的能力,可以表達對於萬事萬物的看法,要是成為抄襲貓,或是呼吸太多他人的思想二手菸,那些引述照樣造句的人總是洋洋得意,我認同他們的努力與資料蒐集,卻無法翻玩暨有經典沾沾自喜。

經典,是要像白蘿蔔慢慢燉出來的。友情,也是因為時間試煉出來極品的。

也許是一個離經叛道的創作者,但必須經過社會化的歷練。所以現在我只想專心寫作與料理。只要還有出版社還想找我說些什麼,還有朋友想吃我尚未命名的燉飯,想到「迷鹿客棧 Seagull Lost Bistro」吃喝,我就會繼續如此,工作下去。因為我已經決定以迷路尋求更大物質與精神的永恆性。

因為台灣的消費市場終將改變，主流之外絕非小眾，而是另一種多元思考邏輯的集結成果。穿著整套total look的時代已經過去，混搭的在地性融合國際當代觀點，每個人都有自己的學說理論，有沒有人支持無所謂，重點在於我們是否真正愉快於每天每件事，並非僅是體面。

我與許多知名或新銳創作者聊過天，除了既有的強悍薄弱概念，大家堅持的共通點都是「be myself」，以及「create, not only follow」。

為什麼「Vintage」是趨勢？因為必須藉由改造、修復、重組後得以精彩存在。這是文藝青年共有的潮流心態。你（妳）還在盲目流行消費嗎？請把自覺拿出來，否則將會徹徹底底落伍了。

我沒有特別尋找日式傳統關東煮食譜，就是憑著直覺將情感丟入。

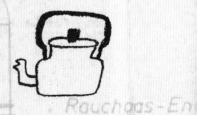

直覺式蔬菜蘿蔔煮

到二手貨街購買一個關東煮鍋子，其實沒有想像中昂貴。而且，在冷冽冬日派對中，不需要松露、鵝肝、魚子醬（當然，有也很棒啦！），只要有無農藥的美濃白蘿蔔、甜玉米，一定會讓大家充滿直接溫暖的幸福感。

一開始，先用大鍋子煮水。小心融化味增後，加入大蒜（無須去皮）、洋蔥與蘋果切半、蔥去根，只能使用小火唷。等蔬果口感出來，再放入洋蔥與青蔥末，黑胡椒與鹽提味。

燉湯保留蔬果皮根，加上全程使用小火，雖然時間比較長，卻絕對值得。因為馥郁清甜的蔬菜湯既養生好喝，也能保存較久。

在此也分享一種直覺式沾醬調製方法。以日本醬油、蒜末、蔥末、柚子醬為主，調和成自己喜愛的口味。

將煮物放置在工藝家楊炘彪老師的三丰色研作品上，金箔將白蘿蔔襯托高雅，別有一番尊重食材的氣味。

本來這派對是要在過年給大家更開心的，沒想到插電試煮時，朋友們一一到訪，反而像是給我驚喜。

最不預期的快樂，帶來最真誠的祝禮。

洋蔥濫觴

The Beginning of Onion Soup

在那樣大的空間裡，他們緊緊的擁在一起。
經過一陣陣的攪和充滿熱力的舞動，他們散在各處。
曾經肢體相連，如果硬要分開，是會流淚的。
可是最終，他們四散，只有空氣中，還剩那樣曾經的香氣。

那是幾顆在湯裡的洋蔥。
這鍋洋蔥湯,為了一場未命名Party。

第一象限。

拿著大木匙攪拌著洋蔥湯的男人,上身赤裸著。下身著深色低腰單寧,露出ck四角褲頭。
女人坐在木凳子上,那鍋湯的對面。
這是一個有性格的女人。對於那些不太熟識的人們,她不大熱情。
倒不是不屑或是寡情,只是事不關己。
但是今天不同,這個空間的每個人都是朋友,
她笑得甜,不單只因為這樣。
原本是一起在為稍晚的Party做準備,她攪著湯,他環在她身後抓住大鍋柄,
湯,然後是她,然後是他。

成了一個圓。

她在瀰漫的洋蔥味中,聞到了男人的呼吸。
有默契的,他們棄了那鍋湯,分別找了理由上樓。
剝去了對方的衣服,一層又一層。
那是他們兩個自己的Party,一個分不出誰是中心的party。

她滿足的看著他,推估著他身上那些汗水,是來自湯的熱氣,還是剛才的那些努力。
他回了她一個笑,靦腆的,帶著餘溫。

第二象限。

坐在斜對角的男女，是交往沒多久的情侶。年輕男孩的活力帶著
一點點不正經。

他的手在女友的臀上，似乎是捏了一把，
女人回頭給他一拳，兩個人在這個小空間打鬧起來。

這女孩走龐克風，本來是酷酷的，只有在屬於自己的舞台上才會
散發野性的美感。
和這個男孩在一起後卻變了。

年輕的肉體不避忌的在人前和她調情時，她也瘋癲起來。
剝去了那層冷酷的外皮，她的心本來就熱絡。

第三象限。

旁邊因為他們打鬧而笑的開懷的那一對男女，面對面坐著，偶而交談。
原來是夫妻。

很少出門走動了，尤其有了小孩後。
稍微得閒時，不一定誰做菜，不一定中式還是西式，他們都喜歡烹飪，一桌美食。

是一個Family的，柴米油鹽的Party。
結束後，還要洗碗收拾。

在這樣熱鬧的環境中，他們不搶戲，卻也融入。
就像他們的生活。

"紅酒？"年輕男孩詢問著。
女人輕輕的摸著自己的肚子，微笑著搖了搖頭，她想起來三個月前的那個精彩的Family Party！
現在她只能喝湯。

第四象限。

親愛的讀者，請你（妳）填補。
洋蔥之於湯，湯之於Party，Party之於人生，都不可或缺。

有了大鍋與大木匙，Party已經開始。

我們在一家跳蚤市場裡，買到一個直徑約六七十公分的鍋子。（大到可以烹煮哭不停嬰兒或是夠壞的貓。笑。）

其實，最適合熬煮去皮後切一半的洋蔥湯。食物是有靈魂與能量的。少切幾刀，味道會更真實。原本緊黏的洋蔥，經過長時間熬煮，慢慢一瓣一瓣分開，原本嗆眼的黏液，漸漸成為動人的愛汁。

這樣的大鍋需要夠戲劇化的手工木匙，我們商請Mozi Dozen特別訂製。後來年輕的木工師傅帶來純正百分百檀香魔杖。讓整鍋湯自然增添溫潤優雅的氣息。

每次熬煮洋蔥湯的材料可以不一樣。最基本的材料是好幾顆不需去皮的大蒜頭，蔥白以及奶油。海鹽與黑胡椒當然需要，放不放入其他的香草以及蔬菜，其實都好。

第一次煮洋蔥湯，家裡有幾位情侶與朋友到訪，於是成就一次不刻意邀請的Party。

我們沈醉在各種香甜的情感高度，冷冷的空氣中。

自然而然，帶著一些魔法感覺。

音樂治療 沙漠綠洲
子宮藝文

How WombBloc ARTS?

週末傍晚，穿過了白色欄杆小門，經過花園，進入名為"子宮"的表演場地。這個被我戲稱為"子宮藝文4.0"的地方，顧名思義這場地是我們第四個家！

要怎麼介紹這樣的一個場所？！
對於一個從一開始參與草創以及多年的支持夥伴來說，在寫這篇我實在籌措醞釀了很久很久，想了也很多很多，最後我決定要回歸到最原始以一個多年朋友身份，誠實的觀察者側寫我所看到語感受到的一些與大家分享。或許這也是我們之前因為忙碌疏忽的，忘了跟各位朋友多說說話與溝通。

派對，只需要一點音樂。
子宮孕育專門。

神說，人生來就是應該要派對的。

但，派對是什麼？

首先，先來場多數人腦海中浮現的刻板派對吧。

人數：很多人或很多很多人，很多都是你不認識的人。

空間：夜店或是酒吧或是飯店房間。

時間：深夜，多數大眾運輸工具停駛後的時間。

音樂：董吱董吱電子舞曲或是當下流行Hip-hop Music。

其他物件：呼吸，就好。

這是派對的一種，不過我覺得，這種派對其實不好玩。

原因有很多，隨便舉一些：

1.因為太吵不知道要幹嘛只好拼酒而導致隔天的恐怖宿醉或當晚的失控當街嘔吐。

2.因為喝太醉失去鑒賞力而導致隔天醒來可能身邊躺了一個你打死都不想碰的人。

3.因為運氣不好遇到壞人對你下藥導致我連寫都不敢寫的殘酷結局。

4.因為神志不清坐小黃回家司機多繞路你也不知道導致多花冤枉錢。

5.因為結交了一群不知道自己在幹麻的寂寞人士接著大家往後日子一起相約排遣寂寞用同樣的派對。

對的時間、空間、人物與物件，是組合一場美好派對的主要元素。

假設我為一個人的泡澡儀式找到了意義，無論健康或單純的愛自己。
浴缸大或小不重要，重要的是準備一組防水音響、一杯順口的紅酒。
關掉手機，這時候孤單必要，很絕對。
點燃蠟燭，這時候光線太亮，很反胃。

然後管我看書哼歌還是玩塑膠小鴨鴨，
那是我一個人的單身派對。

假設兩個人為一起下廚做菜找到了意義，無論只是愛吃還是深愛彼此。
廚房大或小不重要，重要的是有時間牽手逛市場、享受殺價、撿便宜樂趣。
你洗菜、我切菜；你削皮、我剁塊，
然後你吃我不愛的肥肉、我解決你害怕的青菜。
不一定要燭光晚餐，不一定要香檳葡萄，
只要關係美味，只要料理對胃，
那是屬於兩個人的長久派對。

所以就說派對是種規格多變的日常儀式吧，
不需要規定人數、不需要指定場地、不需要設定界限，
信仰是無時無刻尋找生命活動的意義。
喜愛文學的人相約，讀詩寫情做畫意的派對；
喜愛舞蹈的人相約，舉腰擺臀跳熱情的派對；
喜愛攝影的人相約，暗房沖洗加外拍的派對；
喜愛哲學的人相約，看天發呆想不完的派對；
還有很多很多譬如賞鳥、觀星、球賽、變裝、泡茶、逛街、唱歌、睡覺……

人是需要同伴也渴望分享的動物，參加或舉辦派對則是獲得共識最好的路徑。
在派對的場合裡，我們預期那些不預期的對話，我們解答那些不需要的解答。

孕育驚喜和想像不到的可能，是我們要的派對。
我們一群人，我們也可以一個人。

後記，
神其實沒有說，人生來就是應該要派對的。
那只是我為了醞釀一個比較有氣勢的引句，
但是，神也許說了只是沒有人幫祂記下來。
因為，人真的生來就是應該要派對的。

【子宮WombBloc】名稱緣由

一開始聽到主導人令德說出這個名字時候，我直覺地提出「這是女性主義下的產物嗎？」的質疑，對我來說這樣或許是沈重了一點，但是且慢！讓我們先聽聽是怎麼樣的一個概念想法。

任何藝文創作的始末不正如同母親懷胎十月的歷程嗎？
通過擠壓的產道迎向那第一道光束，呱然墜地的新生命都是活生生地從虛無到存在的心血結晶。
子宮迸發生命之母原始最自然純粹的能量空間，卵子與精子相遇乾柴擦出烈火的那境地，醞釀著不可思議的生命/無限的可能。

我可以接受！
尤其是當你深入了解到令德這個人了以後，你會了解到其實很多事情一開始就沒什麼太多意識，只是純粹為了一個理想，或是純粹的就做自己該做的想做的罷了。
除非親自下去參與走一遭，以台灣的藝文環境來說，創作或是搞藝文空間集中的艱辛真是不足為外人道也。

每當我要跟人介紹子宮或者是令德，我總會反問著"在你認識的人之中，可以經歷了挫折四次還越挫越勇？"
那種開拓者的精神或許可以說明子宮藝文為何可以吸引到許多領域的創作人夥伴，
藝術家/插畫家/設計師/舞者/DJ/VJ，有著相同的頻率才會在一起共事吧！

多元空間 的期許

依據主導人說法 【子宮藝文WombBloc Arts】 她/他是中性的雌雄同體。
這意味著是大家共同創造實驗遊戲玩樂......等的場域 屬於大家的"厝內",子宮非常樂見各
位盡情享用這裡,跨領域、多面向、全方......
音樂、舞蹈、戲劇、視覺藝術、電影、紀錄片 ......

印像深刻的一次參加活動休息空檔,我的偶像強哥就坐在我的對面跟我聊著天!
一開始我還覺得有點不太真實,畢竟你也沒想到真的會見到面而且還會跟你寒暄哈拉。
他說:一般人去了表演空間觀賞表演,結束後馬上離開這其實是不太好的。
應該是稍做停留,好好體會這空間給你的感覺,多認識參與的朋友或是在空間工作人員經
營者,這樣你會得到的更多。

我想強哥想的跟我體驗到的應該是一致的。
藝術其實沒有多重要或是多偉大,應該是存在於生活平常之間,很自然的。

高雄一直被貼著"文化沙漠"。

生活經驗來說,坦白說這幾年急速的建設,我們多了許多的新建設景觀,但似乎看不出有
什麼方向感。
到底要變成什麼樣子?
或許藉由子宮藝文一路走來的經驗可以給予我們一些啟發。

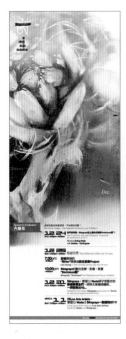

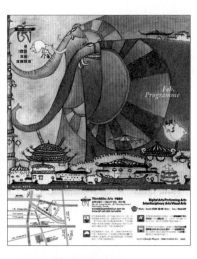

子宮藝文歷屆活動演出DM

PS. 因為前幾天收到了其他表演空間的贈票與DM,
讓我覺得「這設計概念是來自於速食連鎖店的折價券
嗎?」說真的!我真的覺得子宮藝文光是在視覺設計
上為高雄爭了一口氣!

Heavy Style

聽不見　就算聽見也要裝聽不見
那麼你就會再靠近點

你點點我的肩
沒頭沒尾的說著笑著
我無所謂
反正手已經摟著環著

再點杯酒　你還不夠醉
還清醒著道德無力放縱自尊

夠過癮吧
裊裊煙霧在鼻尖緩緩升起到腦門重重落地
讓快樂的元素爆發
讓情慾的味道瀰漫

一股腦兒
我知道你想
我知道你就要很想
拉著我再貼近點　再貼緊點

享用我的愉悅　也讓我品嚐你的愉悅

嘿　搞定沒
嘿　還要多久
嘿　行不行啊你
進行笑聲掩飾來交換彼此進度

這 是部落
這 是營火
這 是儀式
牲祭是你

即便沒有 草原 月亮 阿拉斯加
撕裂仍然保有快感
征服依舊持續震顫

吞吧吞吧吞下去吧
不管那是什麼
這是派對
也是部落裡的慶典

illustrated by mnookin wang, texts by Jarvis li

Birthday Party 生日派對

誤會一場的生日派對

A Misunderstanding
of the Birthday Party

什麼時候開始，認識一個人，演變為從facebook的動態？從微博的網誌？從無名小站的相本？
我是說，真的認識一個人。是那種不用多講什麼；從眼神就能交換訊息的認識。
或許，對朋友這會兒事，我顯得過於老派。不管藏得多好，埋得多深，怎樣三緘其口，會走過
來拍拍你的肩，說著一切都還好吧。
這叫朋友，他們就是看得出來。

M並不想把自己的生日設定在facebook上，他覺得那是屬於自己的日子，於是，M隨機的選擇了一個並不太特別也不用記得的日子，當作是他FB圈子的生日。無所謂的，他想。

事情是這樣的

M在一個再平常不過的早上醒來，點了第一根菸，思考了一下本日行程，然後點了第二根菸。一切都再平常不過了，直到一個久未謀面的怎麼說，朋友的朋友，有小聚過兩三次，每次交談過不超過十句左右的話，而也從未電話聯絡的這樣一個人物，打了個電話來。

「生日快樂！」
「啊？」M一頭霧水，
「好久不見了，生日快樂啊！，希望你今天過的快樂哦」
「哦哦哦，謝謝哦」仍然疑惑的M還硬著頭皮，
「那下次見囉！生日快樂」
「嗯...」
M打了個電話給K，問他有沒有聽說自己生日的事，
「你自己上facebook上看看吧！」K掛了電話。

「原來一個誤會可以發展成如此驚人
的規模。」

大家聚在一起的時候，M驚訝的說
著，「當有一百多人在我的facebook上
祝我生日快樂，連原本應該知道今天
不是我生日的人，都懷疑了起來，然
後祝我生日快樂。」

「這證明了大多數人寧願盲從，也不
願意堅持真象」J說，

「多數人就是對的，這是民主社會，
所以今天就是你生日。」第二個J笑著

「好啊，就是這樣，今天是M的生
日，我們來辦生日趴吧！」K說。

於是，一個誤會，提供了我們一個派
對的理由，

一個隨機的生日派對。

時間：下午三點
地點：駁二展場
餐點：瓜子花生拼盤、自製披薩、現烤的蘋果派、隨意的小餅乾及門口
香腸攤的香腸
飲料：威士忌及白開水任選

生日，是默默感念母親懷胎十月以及自我回顧的好日子，但除了這些內
心戲之外，生日更是個響亮的大號角，一個能傳達到部落每個角落的集
結號。

派對吧派對，圍著枯枝火堆繞圓吧，縱情的狂歡吧！
高唱著我的名，今天我生日。

或許是個誤會的生日派對吧，派對開始有點尷尬的低調，不習慣呢，明
明知道這人不是今天生日，還是得開口祝他生日快樂，上道的拍拍肩祝
福一下。M倒是樂在其中。

烤派 上菜 倒飲料 忙進忙出
蠟燭 糕點 擺餐具 張羅張羅

一切都是真的　只有生日是假的

十來分鐘後，吃喝的不動聲色的持續掃盤，聊天的旁若無人的放聲大笑，拍
照的閃光燈閃個不停，擺出每個正常人不該有的姿態，拍人、自拍及被拍。
派對，終於像個派對了，沒有人再提到生日，沒有人再談到生日快樂，或
許，再也沒有人記得，這是個誤會，一個隨機的，沒有道理的生日派對，回
歸了，眼前這歡樂笑鬧的場合，回歸到本質的意義：聚聚而已。

這是一個實驗吧，我想。

一個無傷大雅的實驗，來證明人都是喜歡和朋友聚在一起的，即便那理由真
的很瞎。
因為不管如何荒謬，朋友還是朋友，聚聚還是聚聚。

派對，則永遠會是派對。

10創作人╳10聖誕料理
史上最奢華的心靈派對

If Christmas Must Have Party Will Be......

經常為離鄉背井辦趴，某某某的離別會，不醉不歸之類的，倒是第一次為了一個Party離鄉背井，莫名的吸引力，我拋情人棄女兒坐著高鐵來到高雄，推開了一間客棧的木門……。

一種來自心裡的應許：如果在聖誕，必需有派對，就必需真感動。

聖誕夜，有10組主廚各司其職，今晚不談創作只作料理，這應該是世界上最奢華的心靈派對了。

感覺　你的手指有意無意間劃過我的腰際，指尖隔著衣服在我的皮膚上輕舞，我的心顫抖了，臉紅了，微醺。

我是一個極愛參加Party的人，生活在台北，總是有大大小小數不盡的Party可以跑，久了，我漸漸分不清楚哪個比較Drama，是我的人生，或者是那些有名堂的，或類時尚的派對。

經常為離鄉背井辦趴，某某某的離別會，不醉不歸之類的，倒是第一次為了一個Party離鄉背井，聖誕節，在台北的活動理應豐富的多，只是莫名的吸引力，我拋情人棄女兒坐著高鐵來到高雄，推開了一間客棧的木門。

K第一眼沒有認出我，愣了幾秒才回過神來，不怪他，我是那種無時刻都享受變裝快感的女人。

不是第一次來這間客棧，依舊凌亂，很居家又充滿藝術氣息的那一種。

就是那些個舊窗戶紗門佔據了一個角落，你也不覺得他們霸道。那些美麗的杯子和書本，木製品，明信片擠在櫃子上，卻又像是各司其職的一家人的感覺。還有那兩隻貓，分別躺在兩張椅子上，用慵懶的態度打量我，他們叫迷鹿和建國，誰是誰呀？和我一樣在期待嗎？

不管怎麼說，這裡也不像是一個即將開幕的餐廳，明天聖誕趴的場地，我隱約覺得有一場災難要降臨，來這邊敲響聖誕鐘，是不是對的決定？

K一面和我聊著工作上的雜事，一面用那個奇特的關東煮的方鍋熬著明天要用的湯，恩，那是一個應該放在日式料理店或是7-11的道具，竟然安分的在這裡，噴著帶著香氣的白煙，這倒是給了我一點聖誕氣氛。

其中一隻貓奇怪的黏在我身邊，我猜牠的毛皮是迷鹿，牠應該迷路了，我是個Dog Person。我想，我也可能迷路了，真的有Party嗎？

陸續來了一些人，他們都來為明天各自的那道菜做準備，這個Party是由10組不同領域的創作人，創作10道不同的菜色，於是我試吃了很好吃的蘋果塔，也吃到K特製的格蘭傑提拉米蘇，不知道為什麼，有了酒精和甜點，一切都成立了。

苦中的甜，清醒的醉，成就任何幸福的可能。

也許是叫做建國的那隻貓輕手輕腳的去翻了地上的垃圾袋，裡面有那些食物的材料什麼的，然後，更凌亂了。

後來K去煮了一大盆麵，是我們大家的晚餐，看起來很豐盛的義大利麵，吃起來倒很清爽，K說：Party前一天要吃淡一點。（這是為了逃避熱量，還是為了要淨化味蕾？）我享受這種等待的感覺，因為醞釀後的一觸即發總是特別精彩。

格蘭傑送了一座及肩的直立式燈箱來，我們興沖沖的安置她在樓梯的末階旁邊的空位上，刺眼的白光。忽然。這裡有了Night Club的Feel。於是R也不吃麵了，拿了彩色筆在燈箱上面塗鴉，Glenmorangie透光的字上出現了或圓點或斜紋，那樣商業色彩濃厚的東西，悄悄和客棧合為一體，沒有遷就。

擺脫台北女人的框架，我也可以很融入高雄。
貓到燈箱旁邊繞了繞，帶點探索的適應。

開始在白板上面寫明天的菜單，K大概是因為喝了幾杯，寫的字頭腳都靠不攏，身體總是留白，帶點可愛。即便這樣，那些菜看起來還是很厲害，迷迭香烤肉串，肉球義大利麵，西班牙鑲蛋沙拉，手工Pizza，病懨懨的乖師傅，正使勁的揉著圓滾滾的麵團，發酵過後，麵團散發出一種低調的光澤。
看著大家或許忙碌，或許安靜，或許專注，或許嬉笑，但是都有一樣的興奮和期待。連建國也是。

離開客棧是一點多了，在大家協力收拾完殘局之後，很有默契的，沒有人去熄了格蘭傑的那盞燈，任由她在客棧裡明亮，那是一顆屬於我們的聖誕樹。

總是默默的發生，然後深植，原本就是順其自然，無需多慮。

前戲 小小狼狽，時而緊張，時而甜蜜的糾纏，想把每一個細節都照顧到，如果真的忘了甚麼也就罷了，至少我們的精神已經享受過高潮。

K說D很木頭，跟他通電話總是不急不徐的用簡短的字眼回應，是個帥帥的宅男，客棧的御用木工。
Party開始前的八個小時，D抱著他親手做的，像人一般高的木製杯架坐著火車來到這邊，這麼有熱情的人，在高雄這個地方竟然好像不稀奇。

杯架暫時擱在一旁，三個男人開始蓋房子。原來那些窗戶什麼的是要用來搭建K工作的隔間，不知道為什麼，拿著電鑽的男人就自然散發出一種荷爾蒙，吸引。

我還沒化妝，指甲油剝落，頭髮隨手抓了馬尾，一種不常被外人看見的自然，在客棧，在我身上發生。
從包包中拿出了我的大眼鏡，戴上。只有框沒有鏡片的，這種眼鏡戴上了臉，可以顯得臉小一些，可以加少少的文藝氣息，也可以向世人宣告我的做作，猖狂的真性情。

一陣塵土飛揚，為了安置那個美美的酒杯架。裝修師傅在天花板鑽了兩個洞，把那根東西懸空吊在客棧的中心位置，有諾亞方舟的感覺。那個木桌上方有了這個實用的原始的低調奢華的擺飾，我就有了專屬的吧台，渾然天成。不過我相信最開心的，是那些被塵封的美麗的高腳杯，他們滴著水倒吊著，在杯架上排隊的樣子，優雅極了。
這時候已經是六點了，距離開幕只剩兩小時，準備工作還如火如荼的進行，一張張有壓力的臉，都還是在笑。
趁著施工的時候，我已經細細的擦好我的指甲油，速乾的。我有Party的鮮紅色指甲媚惑的手。

M來的時候，伴著一個很大的袋子，從裡面拿出一顆植物，以為是聖誕樹，原來是一盆活生生的迷迭香，滿室生香。M是肉串主廚，所謂的迷迭香肉串

不是上面灑幾片香葉了事，竟是連著莖葉當作竹籤串肉，這樣的料理是新穎
還是考究？

R拿了一個湯匙的燉肉給K試味，K說：好好吃，感動的要哭了。說著說著真
的流下眼淚。R要去英國了，不久之後。K吃到的那塊肉，是吃到了他們經
過熬煮的友誼。

我拿了綠色的大壺調製著等會兒的特調，喝起來淡淡的紫紅色的酒，其實濃
度不低，混了太多種酒，只是用果汁和碳酸飲料去掩飾。

也只是心而已，迷迭香，燉肉，或是調酒，你品嚐到的甚麼，看感受多深了。

七點，有一個最後的會議要開，分配每個人的工作崗位，還有派對前準備工
作的處理，這是一個重要儀式，哪些料理的樣品要擺盤？要怎麼雕琢？那些
綠的紅的紫的需要切好備用，石榴的果肉一顆一顆的剝下放入小盒子，所以
有了那張照片，石榴的紅和指甲的紅，相得益彰。

一大盤華麗的鑲蛋，那一盒Set好的燉飯，專業度百分百的鹹派，錦簇的肉
串，像畫一般的壽司，客棧裡不管是氣氛，還是擺設，都已經安置得當，創
作人也都個就個位；除了烏魚膘大師，高調的壓軸。

我在會議中為自己化了一個淡妝，然後除下眼鏡，脫了外套，放下微捲的長
髮，我穿著金色低胸的連身短洋裝，很Party，很聖誕，很錦上添花。

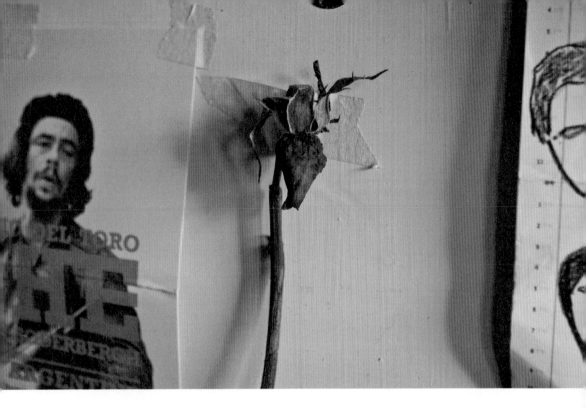

有些準備或許是可以被省略的，如果天時地利人和的話。仍然面面俱到，因為在意，在意才是完美的關鍵。

高潮　心跳加速，喘息，亢奮，精疲力盡。我香汗淋漓，High，卻沒有放肆的大笑，是發自內心滿足的微笑。

八點開始的Party，八點半就已經人滿為患。琳昨天準備時的戲言：「早點來沒位置坐，晚點來沒東西吃。」現在實現了，有幾個女孩子站著，拿著燉飯或是肉串在吃，看著辛苦，她們倒是聊得挺開心，本來互相不認識的。

可能是微波爐，烤箱，肉串烤爐及過多燈飾的關係，忽然一片黑暗，跳電了。幸好還有些許燭光，尷尬的電流竄過每個人的身體，然後我大喊：「Merry Christmas, Cheers!」不管有沒有舉杯，大家都笑著喊了聖誕快樂。那個晚上很幸運的又跳電了兩次，這變成一件讓氣氛更High的事情，我們在一次次的祝福當中更貼近彼此，在吶喊中找到了存在感，無關宗教。

那就像是激情中說的"我愛你"，雖然不一定真實，卻很容易讓人相信，無關愛情。所以我們追求的到底是高潮，還是愛的感覺，抑或者，我們在用高潮來證明愛。用Party來宣示友誼或行情。

117

Kirin走到我旁邊，有點小晃。她是從哥哥那桌走回來，她有點傻傻的說：「空腹喝啤酒，真的會昏耶。」還是在擺盤。我就笑了，琳的酒量應該不算太好，而且我猜她是餓了，所有的創作人都是，我也在昏。

精神很亢奮，肉體很空虛，血糖很低，又很想抽菸的境界。有的客人都在吃第二份提拉米蘇了，那個完全沒有負評價卻和我無緣的甜點。

看著那快要被挖空的盒子，我忽然知道這個Party成功的原因，不是因為食物，酒，或是布置，燈光，音樂什麼的。

是心，那種大家一起用心的感覺和默契，使這個Party完美。

沒有人說不能抽菸，大家都神奇的沒有點菸。沒有人說要餓著別吃，每個人都專注著忘了進食。沒有人說，誰誰誰要負責做什麼，然後，每件事情都有人在負責。沒有人在照顧誰的情緒，但是大家都好開心。

雖然不是跨年，我們在跨過十二點時，還是倒數和擁抱。有人笑的好樂，有人默默流淚（我想是開心的眼淚），我和K交換了一個眼神，裡面都是感謝，只有我們懂。

我們本來就是創作人，在不同的時候，用不同的方式，做著同樣庸俗的事情。我們在客棧喝咖啡，在聖誕節倒數，在食物上作畫，在思緒裡做愛。層次不同而已！

時間的長短不是重點，在意的是品質的好壞，如果沒有好的感覺和前戲，沒有用心去努力，沒有默契，蒙頭大睡也就算了，不要浪費體力。

後戲　不管是為了安撫失敗，或者是為了延續熱度，都有存在價值。可以讓離開不那麼無情，睡著沒那麼罪惡。

剩下自家人的聚會。食物一輪又一輪的上來，好像施了魔法吃不完一樣。我們喝著格蘭傑，喝著調酒，喝著屬於Party和成功的香檳，我們乾杯。為了這些創作人精彩的後台人生，小乖不知道桿了幾個Pizza皮。R整個晚上，幾乎每道菜都經過他的巧手妝化。肉球義大利麵是誰負責的，我送了好多盤麵，卻整晚沒看見廚師。K的手被熱湯狠狠燙到。每個人都好辛苦又好快樂，怎麼會這樣？

遲到的音樂總監，也算是家人。

他也準備了料理。是坨十元硬幣大小很像Taco,上面灑了類似堅果的東西。
錯的離譜。放入嘴裡竟然軟軟的毫無彈性,是越南河粉佐白巧克力。又是一
個大師神秘料理。不過不噁心,只是怪。
好像賣咖啡的客棧,賣酒的創作殿堂一樣怪。格格不入又確實存在。

K跑去放了歲月神偷的電影原聲帶,我想起家人,有點想哭,有點想女兒,
竟然也有點捨不得高雄。
如果最後都要面對這種空虛,那是不是不要開始好一點。
今天很成功,不管是數字或是感覺。

都累了,不管是靈魂還是肉體。也不知道甚麼時候開始,K開始講重複的
話,後來沉沉睡去。我的小腿很痠,還有沒有力氣回到台北?燈越來越暗,
音樂越來越輕,都開始收拾自己的東西,一個接一個的道別,回家,讓我想
到喜宴上送客的新娘。
有時候是該見好就收,不要留戀太久了。

還有小米,那個很晚才走進店裡的獅子座女孩。
她也是從台北來的,她恰巧和K有共同的朋友,她不喝酒,尤其不愛喝
Whiskey,
這個晚上她卻喝了一杯又一杯的Glenmorangie,最後醉倒在我的吧台。她
說,好喜歡這個酒,好香好香。好喜歡這個氣氛,很像家。

我終於知道,Home & Party,密不可分,Home Party,不僅此而已。

我還在微微顫抖,幸好有你的擁抱和輕撫,讓我沉沉睡去,在你懷裡。

Mnookin Wang | 插畫家

燈光泛黃,不是因為我從窗後看他。原本應該是餐桌的位置,揉起了披薩。我和創作一起暈眩,直到他完成,我倒地。十分之一的聖誕料理,比想像中的滿很多。在客棧裡的每一位客人、設計人或是陌生人,在這個空間,這個當下,產生共鳴,發生感情。我很榮幸,聖誕節快樂。

比薩DJ

材料:

餅皮:高筋麵粉250克、低筋麵粉250克、酵母粉1小匙、溫水300c.c.、鹽、糖少許、肉桂粉or香草精

披薩餡(可依個人喜好):番茄醬(底醬)、洋蔥絲、培根片、黑橄欖、蘑菇片、鳳梨片,以及各種個人喜好口味。

餅皮製作步驟:

1. 先將酵母粉倒入溫水的中攪拌後,放置10分鐘。(水溫不可過熱,不然酵母會被燙死。)
2. 把餅皮材料一起倒入一個較大的容器內,再倒入酵母水和麵粉搓揉成麵團。
3. 揉麵團的時間大約是10到15分鐘,最後麵團像您的耳垂一樣光滑,麵皮就完成了。

披薩製作步驟:

1. 先鋪些麵粉在桌面上,之後將麵團壓成圓形再桿。
2. 在將麵皮放上烤盤前先在烤盤上抹些橄欖油。
3. 在麵皮上抹上底醬和自己喜歡的料,最後灑滿起司條。
4. 放入烤箱烤15到20分鐘左右。(溫度220～250℃)

Ruby Ting | 詩人 策展人

這場讓人放肆抵達自我的派對，我們創作不分界線而料理難說
種類。若偏愛沙拉與開胃菜，如閱讀一篇文章詩句開端；如進
入美術館後遇見第一幅畫。我當下決定讓西洋芹翠綠纖維搭配
紅色石榴籽的寶石光澤，並堅持鑲蛋圓滑一致朝內排成圈圈，
然後手指細搓撒上鹽巴、手臂揮灑淋上香料醃漬過的橄欖油，
他們適合當作結尾，也同時成為開始；他們不算華麗豐滿，他
們當然擁有精神。Bon Appétit!

西班牙魔鬼鑲蛋佐紅寶石即興沙拉

材料：

新鮮西洋芹1把、橄欖
油、香油、薄鹽醬油、
紅醋、當季石榴、美生
菜1棵、馬鈴薯數顆、
美奶滋、對切白煮蛋
（足夠排成一個圈的
量）、大黃瓜1條與小黃
瓜5條、紅黃色聖女小
番茄、鹽巴、巴西里葉
與黑胡椒等辛香調味料

步驟：

1. 將白煮蛋對切後取出蛋黃備用。
2. 馬鈴薯切塊煮熟後壓成泥，趁熱拌入美奶滋與蛋黃碎末，加入鹽、巴西里葉與黑胡椒等辛香調味料。（鑲蛋內餡）
3. 美生菜切細絲於盤中央鋪底，第二層放上大黃瓜切片圍成圈後堆疊上西洋芹片。
4. 挖出蛋黃的半邊白煮蛋填入蛋黃醬內餡，上頭撒上新鮮迷迭香葉。
5. 將製作好的鑲蛋繞翠綠蔬菜外圍排成一個圈，撒上剝好的紅色石榴籽與切成1/4大小的小番茄裝飾。
6. 淋上鹽巴、橄欖油、香油、薄鹽醬油、紅醋調成的醬即可。（可依個人口味調整）

Gengli Lin | 攝影／暗房愛好者

當我手持沉甸甸的相機在街上漫遊時，找尋的是平凡街景裡的璞玉，不顯眼卻曖曖內含光，「迷鹿客棧」就是這樣的地方，地處藍領地域，盡是販賣工具原料的店家，一些人老抱怨百尋不見，但有著同樣莫名堅持的傢伙，卻能無礙的抵達，並且找到一個自己的角落，自得其樂。

在特殊的節日裡，這樣的人，聚在一起，為彼此料理，就是顯影成相的過程。是最自然、也最自在的事。

京都燉五花（馬鈴薯燉肉）

材料：

馬鈴薯8顆、胡蘿蔔6根、五花肉1公斤、洋蔥6顆、青蔥3根、蒜10粒、海鹽2茶匙、奧勒岡葉、迷迭香葉、巴西里葉、黑胡椒粉、香油、海鹽、一點點柴魚醬油以及味醂、全麥土司、小番茄

步驟：

1. 將豬肉切塊至大小適中，適合優雅入口。
2. 將洋蔥八分。
3. 馬鈴薯切塊，稍大於肉塊。
4. 胡蘿蔔切塊，稍小於肉塊。
5. 鍋內入油適量，熱鍋後加入蒜末爆香，豬肉入鍋，加入海鹽拌勻，表面煎至微熟變色。
6. 馬鈴薯與胡蘿蔔放入微波加熱2分鐘。
7. 大湯鍋內依序加入所有馬鈴薯塊、蘿蔔塊、一半洋蔥、肉塊、另一半洋蔥、香料。
8. 加入高湯至稍高於食材，加蓋煮至沸騰，轉小火燉煮40分。
9. 舀至樸拙碗內約七分滿，土司烤至微硬，半插入湯內，以番茄丁裝飾，即可享用。

許妞 | 火腿設計師藝廊負責人 &
芳如 | 美容達人

當同一個時刻同時遇見了10組創作者，大家可以暫時不聊作品不討論論述。

每個人都準備了一道料理，可能是創作料理也可能就只是家常菜，也不會輕易的以為這些料理會如預期般的姿態出現在你面前，捕抓這些不經意的驚喜和別出心裁，成為飽足之餘的小小樂趣，帶著適切的期待，交換一場簡單的派對晚餐。

提拉米酥

原料材料：

1. 砂糖加入鮮奶油用打蛋器攪拌打發約5分鐘，呈不太流動狀。
2. Mascarpone Cheese混合蛋黃（此時可加入酒20g）拌勻。
3. 1和2加在一起，再用打蛋器拌約5分鐘後，放入冰箱冷藏。
4. 果醬150克加水300克，使果醬呈稀狀，加入一點酒（蘭姆酒），派對氣氛可選用威士忌。
5. ORIO餅乾捏碎，不要太碎那就沒什麼口感了。

裝置步驟：

1. 拿出裝提拉米蘇的容器，首先以手指餅干鋪底，把果醬水淋上手指餅干，微濕即可。
2. 覆蓋上一層打發後的奶油，再鋪上一樣以果醬水淋濕的手指餅干，適時的加入ORIO餅乾碎片，如此不斷循環蓋上去，最上面一層，記得是奶油。
3. 撒上可可粉，然後冰箱冷藏約12小時，值得耐心等待。

劉上鳴 | 日和職人

小心翼翼的把做好的佐料放進白色的琺瑯盒裡，因為餐盤不夠，讓我想起小時候帶的餐盒，打開來的料理色彩分明。

於是深夜裡做了這道壽司，肚子餓的時候可以從盒子內拿出來吃，坐火車的時候也可以靜靜的看著窗外飛逝的片刻風景食用，關於料理，總是聯想到記憶。

冷的滋味，放在手裡也成了熱氣騰騰，盤子又空了，今天也有深刻的記憶。

胡麻蘆筍玉子燒壽司

材料：

玉子燒：蛋4顆、料酒及薄鹽醬油各1小匙、日式高湯1/3杯

胡麻蘆筍：白芝麻粒4大匙、料酒及砂糖1大匙、醬油1/2大匙、蘆筍1把、鹽、胡椒少許

壽司材料：海苔4片、壽司米4杯、醋汁（醋1/2杯、鹽1小匙、砂糖5大匙）、竹簾、壽司盒

玉子燒步驟：

1. 將蛋打散入調理缽，不要產生泡沫，調味料與蛋液混勻，過篩。
2. 熱鍋後，用餐巾紙沾油塗滿鍋內，倒入1/3蛋液，膨起處以筷子戳破，將蛋折成三折，移至鍋邊。
3. 鍋內再塗油，倒入剩餘蛋汁，再將蛋塊向內折兩次，成形後，趁熱放置竹簾擠壓固定，切成長條狀。

胡麻蘆筍步驟：

1. 芝麻弱火快炒，直到能以手指捏破。加入調味料，研磨到油膩柔順。
3. 蘆筍與胡椒及鹽略炒後拌入芝麻醬即可。

壽司步驟：

1. 米煮好後拌入醋汁並平鋪入壽司盒1/3高，往中間壓一凹槽。
2. 陸續放入玉子燒及蘆筍，再蓋上飯完全包裹住餡料。
3. 海苔光澤面朝下鋪在竹簾上，將盒中壽司倒入，以海苔包裹成圓柱狀，用竹簾捲緊，成圓形即可切食。

Macaca | 平面設計師

不同於其他創作者，每天都會從這秘密基地進進出出，也許只是工作關係，也提早看到大家如火如荼的準備，一個派對就像是一個演出一樣，台上十分台下十年般的忙碌，也許不是各個都是廚神，但每道菜都是創意與心意的靈魂交織，看到顧客或是好朋友們喜歡上自己作的好味道，心情是直接的，不需要透過太多創作理念的解釋和諂媚，舌尖打轉的那一刻，迷路了又何妨。

肉球意大利麵（白醬&茄汁）

材料：

丸子：魚漿1斤、絞肉半斤、活蝦半斤、紅蔥酥、芹菜、米酒

白醬：奶油、白酒、洋蔥、橄欖油、鮮奶油、蒜末、黑胡椒、高湯、起司粉

茄汁：番茄罐頭、洋蔥、黑胡椒、蒜末義大利麵、巴西利

步驟：

1. 半斤魚肉跟豬肉和均勻後加入紅蔥酥和剁碎芹菜，再加入米酒和黑胡椒拌勻。
2. 蝦子去殼剁碎和半斤魚漿一起和勻，並加入米酒和黑胡椒提味。
3. 將1&2捏成球狀以冷水下鍋再開火，煮熟。
4. 用橄欖油把洋蔥和蒜末一起炒香，取出一半備用，依序加入鮮奶油、白酒、高湯、起司粉和黑胡椒。煮至半稠狀，即為白醬。
6. 備用的洋蔥蒜末炒至近褐色倒入番茄罐頭，將番茄搗碎成糊，並加入黑糊椒燉煮至爛，即為茄汁。
7. 水滾後放入麵條煮熟，加入適量的鹽和橄欖油，起鍋後用橄欖油和黑胡椒及巴西利拌勻。
8. 將丸子和醬汁拌熱淋上義大利麵，淋些許橄欖油並灑上黑胡椒和巴西利。

Dozen | 木作達人

沒有怎掙扎的開場,也沒有氣勢磅礡的Intro,更不用出動電鑽或是刀具,我們就是興沖沖的張羅著材料,很像找寶物般的把手上清單一一打勾!後來,大家齊聚一堂的供應料理。在派對的場合當中,我們成了穿梭人群的聖誕老公公,偶爾停下雪橇跟彼此聊聊天,喝喝酒,直到又得繼續忙碌。或是看著別組料理人馬展現技藝,看著如何用簡單的新鮮素材組成那麼奇妙的東西。

應該可以媲美現場的奈潔拉了。我想,或許還有吉米奧立佛。但卻是活生生在眼前,所有的美好。

英式蘋果蜜桃塔

材料:

現成塔皮(直徑約5~7公分)20枚、蘋果3~5顆、檸檬1~2顆、水蜜桃罐頭、無鹽奶油 250克、二號砂糖200克、中筋麵粉300克、鹽、肉桂粉、香草精、蘭姆酒、1顆戀愛的心

步驟:

1. 蘋果切丁,加熱煮化,加入切丁水蜜桃,陸續加入鹽,肉桂粉,香草精,蘭姆酒後熬煮,最後加少量檸檬汁。
2. 要把奶油跟糖放在一個大缽中,一邊沾麵粉一邊與奶油搓成細粒,像小鳥飼料般的小顆粒,即為Crumble粉。
3. 把煮好的蘋果倒進塔皮裡面,撒上一層Crumble粉,入烤箱烤約20分鐘即可。
4. 以上步驟及食用時請務必搭配戀愛的心。

Kirin Tzeng | 迷鹿客棧主廚

場景還沒好，就已經要開趴。下午，兩點沒有糖，四點木工正在做，六點才開會，客人七點半就來，但是Party八點才開張！沒有打板，不用倒數，不需要發號司令，有點緊張還沒準備好還是可以接受挑戰，先到的有位子，站著可以吃更多，找到自己適合的角落窩著（找不到的可以多來幾次），大家都在演自己，人物食物聚在一起，燉好滿桌溫暖。

迷鹿燉飯

材料：

媽媽熱情贊助手作鹹豬肉1塊、小小顆味道濃郁糖炒栗子1份、農場鮮送亮橙紅蘿蔔1條、樸素馬鈴薯2顆、嫩綠蘆筍1把、生米1碗、適量蒜末、薑末、油蔥酥、核桃、起士、薑黃粉、洋香菜、黑胡椒、高湯

步驟：

1. 在冷油中慢炒爆香蒜末、薑末、油蔥酥。（油太熱會製造許多油煙，蒜末易焦黑）
2. 鹹豬肉切約0.5cm厚度的口感不錯，放入油鍋中煎至金黃，逼出多餘的油脂就不會感到油膩。
3. 外皮洗淨可以不去皮紅蘿蔔不去皮馬鈴薯滾刀切塊，一起炒。用洋香菜黑胡椒薑黃粉調味。
4. 倒入生米，炒過，讓米裹上油脂呈現亮亮的半透明狀。加入高湯悶煮，轉文火。
5. 約30分鐘後略帶一點米心，再放入蘆筍、核桃及起士，做起鍋前最後準備。
6. 盛入盤中，灑上栗子末。

陳慶輝 Shine ｜金工創意人

在10 Artists and Their Christmas Party裡，來自各地與不同
背景的插畫家、藝術家與攝影家……等，都透過食材作為媒
介，一起創作出視覺、味蕾的饗宴。

在這一刻，彼此不分你我。

我們像極了一家人，在家裡分享著美食與談心……。

香煎牛小排

材料：
牛小排2片（條）、洋蔥1/4
顆切絲、蒜頭2瓣切丁、辣
椒半條切丁、海鹽少許

步驟：
1.將平底鍋加熱後倒入橄欖油。
2.把牛小排放入平底鍋內將一面煎至金黃色後，翻面煎另一邊（可讓
　牛小排內的水分保留住）。
3.將牛小排煎至約八分熟後加入洋蔥、蒜頭與辣椒提味。
4.最後在牛小排表面灑上些許海鹽。

馬里斯 | 畫家

有句名言：開懷大笑是心靈解悶的一個良藥。

這晚的聖誕夜，創作人譜出了一道道料理，原味的感動及風格的創作，笑聲，音樂，香味，在整個房子裡流動。這一切的美好，都和參與朋友的心串在一起。

迷迭香肉串（20人份）

材料：

迷迭香枝帶葉、百里香1束、檸檬汁少量、彩色甜椒3顆切丁、蒜苔5～6枝切段、黑棗梅60顆、牛豬羊肉切丁（共60顆）、水半碗、黑胡椒適量

步驟：

1. 肉丁以適量黑胡椒醃漬待放10～20分。
2. 將黑棗梅鑲入肉丁。
3. 迷迭香枝根部削尖，然後清洗晾乾。
4. 依序串入食材，可依個人喜好增減。
5. 每支肉串完成時間須8分到10分，須控制烤爐溫度及翻面，以免烤焦。
6. 最後以百里香束沾檸檬水，即可送入口中。

新年不快樂
與去年分手派對
Wish You Have A Happy New Year

如果去年的結束，我並不快樂。
那麼今年的開始，我要不要和群眾一起吶喊？
如果去年的尾聲，我已經不想擁抱你。
那麼今年的第一秒我會向你說，對不起。
如果跨年派對只為了倒數和擁抱，那麼我希望
每個午夜時分，我們都能夠相擁。

派對也許外在美麗，卻是心底頹廢，廢墟也許
是刻意佈置，光鮮亮麗只是假象。
新年為什麼要派對？為了送走前一年的霉氣？
那如果前一年很幸運呢？新年開始，運氣是不
是也重新記數？地下室的倒數沒有按照中原標
準時間，我們不擁抱。

嘿！對不起！
當我這樣說的時候，其實沒有什麼真的對不起你的事情。
就像我說謝謝的時候不一定由衷，我說愛你的時候可能只是習慣。
跨年時大喊的新年快樂，也不能代表任何一秒鐘的快樂。
但是，對不起。可能是對自己說的。

地下室已經變了調性，不像我上次來的時候的空曠，還有貓排泄物的味道。
現在那些音樂會震著心跳。燈光柔弱不致摔跤，卻看不清楚對方的容貌。檯
子上整齊的放著一些裝飾物，像是宣告著仍有人煙。這裡有很廢墟的美麗。
廢墟怎麼會美麗呢？那些沙子，空酒瓶，懸掛下來的電話聽筒，花盆甚麼
的，就像是另外一個城市，也可能是世界末日後唯一整齊的地方。坐在廢墟
中的椅子上，我忽然眼眶含淚，不是因為想你，或是牆上投影足以感動的聖
誕派對影片。
又荒廢了一年，鐵錚錚的悲哀，而新的一年在刻意的頹廢中開始。

這一個派對，沒有大批觀眾，我想大家都去看煙火或是集體倒數了，我們供
應好酒好音樂好朋友好食物，這一個新年派對，很Peace。

我供應了派對　派對供應著想像中的一切美好
愛情恕不供應

入口處有一個供應室，K在這裡工作。他供應出版社文字，供應創意，供應客棧裡所有人的夢想。他在這裡哭或笑或歇斯底里發脾氣；他在這裡上網找資料，和Facebook的派對。供應室在客棧裡，但是在供應室裡面的K，常常在另外一個世界，他在蒐集可以供給的那些一切，這裡閒人勿進。

而今天供應室休假，也辛苦一年了啊！

他們有些人在用餐前買了創作人的明信片，立刻就開始動筆，我偷偷瞄著，還是happy new year或wish u a great 2011，最後寫著xxx在高雄，到了異地還記著寫張卡片，就算是通俗的祝福，也變得矜貴起來。祝福本來就派對中的必要，但不一定要高聲喊叫。

我還可以供應你什麼，恐怕就是回憶了，讓你甜或酸的那些。
而我不能再供應你什麼，恐怕就是承諾了，讓你流淚的那些。

派對裡販賣著甚麼　或許你我想擁有的
都是沒有在販售的那些

販賣的小空間是賣著那些創作人的作品，有書籍，明信片，木製的小東西，
不昂貴但精緻。我們販賣的不只是物件，也是才華和思想。這些東西都有可
能被抄襲，但是有創意源源不絕，你錯過的那些，下次也許不會看到。
我想買一張2010年的新年卡片，問候你去年是不是快樂。

或許不會在派對裡注意到那些擺飾，如果你只顧著喝酒把妹的話。那些美
好，只有用心的人才會發現，主人家那一盆花插的多麼精彩。

我們是不適合的兩個人，卻一起買了醉。
醉可以買得到，醒卻需要靠意志力，我用力的清醒了，你呢？

那些展示是派對中的裝飾　也是收藏的分享

電腦裡面屬於我們的資料夾，你寫給我的三張卡片，
我們甜蜜帶的合照，或者是禮物，都是我的收藏，今
後不能展示，假裝遺忘。我的電腦存在精油箱裡。

展示區上書籍、模型、器皿、蠟燭、自我或團結的在架上爭艷，K為了新年
派對精心整理過這個展示架，想必是爬上爬下的經過一番勞累。我抱著尋寶
的心態看著這個空間，那些新或舊，各有各的身段吸引目光。他們都存在，
也必須，展示的是一年客棧累積的財富，不是實質的那種。

派對中酒水恣意飲用，鮮豔的調酒或許比香醇Whisky更容易醉。

這一年我累積了甚麼可以展示的嗎？明顯的心虛了。忽然襲來壓迫感，新的一年可不要再怠惰了。

沒有酒的派對就像沒有鹹蛋黃的月餅一樣，少了什麼。而那些酒精，不是為了讓你喝醉；只是有時候我們更希望用迷茫的角度看世界，如果世界和過去不是那麼美好，我們創造了派對的美好境界。

我們說好新年一起戒菸，你一直不喜歡我抽菸。於是我的酒，沒有香菸作伴，為了愛情而被逼迫戒菸，心態或許不健康。今後的日子沒有你，也沒有菸，但我換回了健康。

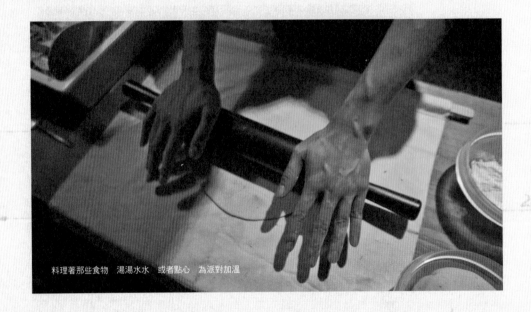

料理著那些食物　湯湯水水　或者點心　為派對加溫

吧台賣酒，用適合的杯子盛著，風騷老闆娘，用帶著哀愁的白色和淡
妝包裝。

他們一杯接著一杯。他們說：很好喝。其實調酒不需要甚麼高超技
術或知識，當然也有一些困難的。今天的調酒裡面有紅酒、梅酒、
vodka，加上了7UP和果汁，還有一小撮鹽巴，這是風騷的獨門秘方。
加一點鹽，希望你喝到我淚水的味道。

把舊的悲傷在溫馨中喝下，可以和酒精一起揮發；爾後風騷秘方可以
是蜂蜜或果糖。

一定會想吃一點什麼，這些熱烘烘的食物，來自那些溫暖的心。或許
冒著菸的關東煮，明目張膽的鍋碗瓢盆，香氣四溢的開放式廚房不屬
於傳統派對，但在這個空間，我們同時擁有舞台的燦爛，也看到後台
的努力。

紅黃椒在砧板上，有人在切，有人在煮，有人在端著盤子出出入入。廚師也是侍應生，配角也是主角。賓客也有人加入了做Pizza的行列，隨興的加著喜歡的配料。加了Blue Cheese的Pizza，有人吃得掉下眼淚，因為太臭。我卻因為過份美味而流淚。

應該也有些人為了過去一年的遺憾或喜悅而含淚吧！我猜。

療癒空間有時候在吧檯，有時候需要被隔離。就像這裡有個小屏風，不用寫勿擾的告示，置身沙發中，就可以在喧鬧中得到安靜。當然，還是應該要配上一杯Whisky，辛辣入口，濃醇回味。

你會一直記得我為你特製的漢堡嗎，用蔥花麵包做的？或者那盆起士過多的焗麵？
我不會忘記你在我感冒時為我煮的那一碗紅糖薑湯水，雖然太甜，但曾經溫暖我的心。

在人群中，我更加想念你了。那些我們一起參加過大大小小的派
對。一起安慰失戀的人，或者互相舐拭傷口，撫慰挫折。而今後，
誰來為我療傷？要多久，才能不再痛？

派對也可能只是為了療癒　精油是工具　酒
精是藥物　與世隔絕是方法

K拿了一箱精油，我們喝著格蘭傑
的Quinta Ruban。酒香，是忙碌了
一整天後放鬆的開始；酒精，催化
了誠實和心靈的溝通。這不是第一
次K和我玩這個精油的小遊戲，但
我哭了。因為那樣心底深處的自責
被赤裸裸的揭開。K也哭了，他可
以讀到我的心，我們都是一樣自責
的人，或許理由不同，但包袱同樣
沉重。結果，殘在嘴裡的果香，苦
盡甘來。
我知道，K也帶著悲傷和2010道
別。雖然我不懂精油。但過程中我
們都被療癒。都帶著期待面對新
年。

新年派對中帶著歡笑、流著眼淚、我們用感情交集。

至少，2011的開始，我們充實且平靜。我們交心沒有隔閡。

所以到今年的十二月三十一號，我們的新年派對，但可以興奮的告別，開心的擁抱。

由衷的說：Happy New Year！就像我們每次的相逢一樣。

2011，2012，2014，或是2451，都無所謂了。

去年今年，年年。

我和我的靈魂之間

The Glenmorangie and the Only

有沒有過拿著一瓶Whiskey走在大街上？
我說的是那種沒有外盒，沒有袋子的。
我曾經在一個傍晚，穿著黑色大衣，一手垂握著一瓶還沒
開的Glenmorangie，一手拿著手機聊天，走在東區街頭。
沒有人側目，我想，那樣很時尚。
如果，時尚一定要跟著雜誌上的花俏穿著。
如果，派對非要喧囂吵鬧、醉生夢死。
如果，酒精只來消毒、麻痺，或沉淪。
如果只是如果，哪有高尚的靈魂？

飲酒過量 有礙健康

在那個品酒的Party中和他擦身而過，他有種細密卻感覺中性的香，出乎意料的。
他的膚色不屬於古銅色，比較接近玫瑰金，所以沒想到他會那麼好聞，帶著屬
於男人的麝香味，還配合淡淡的果香，一陣心跳，酒不醉人人自醉。
他禮貌的吻我，只是沾一下唇，濃郁的黑巧克力和堅果香的觸動，我嘴唇濕
潤，有點麻，陶醉。
這樣完熟的氣味在口腔迴繞蔓延。
後來的深吻是我主動的，說不出來我感覺到的是柑橘還是檸檬的味道，或許都
有吧？還有巧克力，咦！那是薄荷嗎？他是細緻的，是深刻的。
或許出於感動，我愛上了他，他複雜卻不難懂，他精彩又不咄咄逼人。
他叫做Quinta Ruban，我和他，相見恨晚。

我不是什麼了不起的品酒師，在酒的國度裡，
我不敢妄稱行家。
我是一個曾經在血液裡裝滿酒精，做過幾個月
Bartender，經常以酒會友，留戀Party，
懂男人，也懂得和酒相處，愛喝Whiskey的女
人。
喝好的Whiskey，不是在買醉，是在用鼻子品嚐
藝術，用舌尖體驗愛撫，用靈魂感受天堂。
我必須要說，喝酒而不懂得喝單一純麥，喝單
一純麥卻沒喝過格蘭傑，都是罪惡。

在那些大大小小的Party中常常跟人聊酒，我碰
過很多人告訴我，不喜歡喝Whiskey，說太烈太
辣了，或者說是老人喝的酒，會喝醉嗎？其中
有些人這樣問我。
然後我說，如果牛飲，喝啤酒也可以不醒人
事。如果品味，單一純麥的Whiskey才是王道。

「什麼是品味？」有一個女孩這樣問。

對於不常喝酒，或因為某次被某支酒製造了不良印象，而排斥Whiskey的人，我會建議他們喝Original，它很輕也很重，它是我喝過最不辛辣的烈酒，也是果香最濃厚的，所以感受他的層次輕而易舉，不會有學習障礙。

我的推薦到目前為止沒有失敗，於是我對那淡淡的果香產生了一種信任，也因為它，我得到某些人的信任，同時讓他們學會了品味。

你只會在某些人旁邊喝醉，後來越來越多人在我身邊醉倒，而後來我喝醉的時候，身旁都有那帶著封印的空瓶。

那一次，是辦聖誕Party的前夕吧？我看到Kiefer在白板上，畫著一瓶Lasanta，他畫的瓶身有點歪斜，像卡通的那種畫法，然後他開始寫標籤上面的字，字太多了，以致超出了瓶身，在旁邊喝著畫中的酒的我說：「別寫啦！用點點帶過就是了。」

他卻很認真著寫著每一個英文字，小孩子般任性的說：「一定要。不要囉嗦。」

他花了比我想像中長的時間才完成，我們並肩坐著欣賞他的小小畫作，一起分享著那支帶著太妃糖香氣的酒，天很冷，我穿得不多，卻感覺很溫暖，我

飲酒過量 有礙健康

忽然覺得自己高貴起來，不是因為服裝或地點的關係，是這支酒的奢華穿透
我的味蕾，這時候看到畫上那些執著的穿過瓶子的字特別有一種美感。
K對那副畫的堅持是正確的，每一個傑作，都應該經過不必要的堅持，正如
我手中的這杯酒。

很多男人愛品酒，我想是因為，好的酒和好的女人本質是一樣的，在Party
中，他們都是主角。
他們都有生命，都不斷的在演化，越來越有深度，如果你用心，每次品嚐的
味道都會不一樣。酒和女人同樣可以使人興奮，也可以使人迷醉。同樣有最
原始的味道，也讓人回到原始。
把握你身邊的那個好女人和那瓶有深度的Wiskey，不要暴殄天物。

我有一個很搞笑又很愛喝的朋友，每次在Party中看到他，他都一臉醉意的
說：「混了三種酒，好醉。」
「哪三種呀？」旁邊的朋友問，其實我知道他酒量挺好，離喝醉還有很長距
離。
「純威士忌，威士忌加水，威士忌加冰。」他瞇著眼一本正經的討打。

飲酒過量 有礙健康

雖然這是Party咖的玩笑，但後來在某個派對，我也微醺，說著喝了三種酒，
我說：「Nectar D'Òr and Nectar D'Òr and Nectar D'Òr」。
Seriously，經過實驗後我發現，同樣一瓶Nectar D'Òr竟然真的有三種不同體
驗的品味方式。
把蜂蜜般的液體倒進聞香杯裡，鼻子探進杯口，你會聞到一陣甜點的香氣，
濃郁的檸檬味，再深吸一口氣，竟然有巧克力蛋糕的美麗，My Goodness！
垂涎欲滴，誰可以抵抗。
純飲的Nectar D'Òr特別的優雅，輕輕抿一口，像是檸檬派在嘴裡跳動，那個
留在舌頭上的餘味是布丁還是冰淇淋？它是活潑的，芬芳的花蜜。
加水稀釋後，蛋糕的奶香味更明顯了，還出現了薑汁的層次，它濃郁卻又平
順，暖和帶著甘甜，別有一番滋味。
它適合出現在各種場合，用各種方式被品嚐。我猜一定還有別的飲用方式，
如果你發現了，記得告訴我。

小時候我喜歡看萬花筒，小小的東西裡面的世界好大，變化好多，神奇。
長大了我喜歡參加Party，小小的空間裡看盡人生百態，體驗五光十色。
後來我喜歡一個牌子，他叫做Glenmorangie，他的品牌標誌，格蘭傑「封印」
是錯綜複雜的萬花筒設計，他的口感就如同他的封印，繁複，層次豐富。
啜飲一口，我可以到達天堂。狂飲一瓶，我也可以墮入地獄。
透過格蘭傑，我到達另外一個世界。

我和我的靈魂之間，只有Glenmorangie。

飲酒過量 有礙健康

昆塔冰淇淋 讓人不知不覺醉
Ice Cream with Glenmorangie Quinta Ruban

材料：
1.冷凍蛋糕（巧克力、蜂蜜、橘子、核桃、香
  蕉等香氣馥郁類蛋糕皆可。）
2.冰淇淋（香草或是口味較輕類冰淇淋。）
3.乾果（核桃、杏仁片、葡萄乾、蔓越莓乾。）
4.焦糖醬（或是蜂蜜。）
5.巧克力醬（或是無糖黑巧克力以醬汁鍋小火
  融化。）
6.新鮮薄荷葉
7.冰鎮格蘭傑威士忌杯

步驟：
1.將熱巧克力、葡萄乾、蔓越莓乾或是巧克力碎片與冷凍蛋糕。（約1至2立方公分）
2.放入冰鎮格蘭傑威士忌杯襯底。
3.挖入一大球冰淇淋後，淋上巧克力醬及焦糖（或蜂蜜）。
4.放上核桃、杏仁片（甚至是早餐穀片）。
5.淋上約0.5 shut格蘭傑昆塔Glenmorangie Quinta Ruban。
6.最後，洗淨擦乾新鮮薄荷葉作為裝飾。

飲酒過量 有礙健康

Last Look

潛伏著 身上的委屈和不滿和分歧和舊傷口
低調而深沉的潛伏著

冷清的 空間裡嬉鬧和氣味和肢體和細耳語
終究還是回歸冷清的

痛呵 清醒時全身酸軟無力的時候
痛呵 一個人收拾著爛攤子的時候
甜美啊這些時候

興奮之餘虛無是種止不住的癮
讓人樂此不疲的不願停止輪迴

吹號吧 高舉我那玩樂國度的旌旗
帶領著臣服於派對的子民

前進 前進
威士忌 煙草 鹽酥雞
前進 前進

柯波拉 昆汀塔倫提諾 史帝芬金
將你帶進不分時序的迷幻裡

終結之日 寂寞著無盡的空虛衝擊
晃動人影 殘留著前刻的高漲情慾
甜美啊這些時候

不急 別忙著收拾
讓殘局保持著殘局
讓寧靜從深處寧靜
深呼吸 吐氣
再深呼吸 吐氣

嘿 是不是挺有趣
狂歡後的平靜
彷彿坐在成群的死屍堆裡
緩緩的輕輕的
飲下摻著泥渣臭蟲的穢水
凜冽純淨

illustrated by mnookin wang, texts by Jarvis li

Party Photo 拍派對

在派對中不打擾地拍照
是一種禮貌
Take A Party Photo

拍了多年，拍出些風格與心得，我無意寫看來專業的術語與技巧，並不是吝於分享。
而是對於一個從小出生在相館裡的自己來說，按下快門是一件自然的事，如吃飯喝水。

向來，都覺得拍照是件愉快；也不需要有壓力的事，可以是很個人的。攝影
的初始就是單純紀錄。

攝影作品真正吸引人的，往往不是技巧面的，而是在於是鮮明主題或引起觀
者共鳴感動。拍照醍醐味在於捕捉經典，那「決定性的瞬間」。

這是個「去專業化」的時代，相機功能越來越簡便，網路上專有名詞資料遍佈。掌鏡者應該多培養自身獨有美感，才是在現今數位作品洪流中建立氣質識別系統。

接著，想閒談一會兒。

多數人對於攝影的概念就是「前景主題很清楚」、「背景模糊」、「曝光正確」，構圖四平八穩」。

就因為如此，所以刻意一反大家所期待（或者什麼都不管），成就「主題模糊」，「背景清楚」，「色調奇怪越好」，仔細想想，這絕不是亂拍，而是因為反動思考化為正面積極的創作能量。

所以身邊的朋友常說，這就是「傑森調調」。也許因為有段時期，Lomo一直與我畫上等號。不知道為什麼；現代人這樣喜歡分類，貼標籤。也許，可能是因為懶惰，或許不願深入了解。

這其實是汙名創作的，一直讓我很不舒服，也解釋了為什麼接近兩年時間，完全不碰Lomo，但你（妳）們還是在私底下稱我為Lomo教父。

無論喜歡與否。1999年當時，預見這將是未來其中一種影像創作主流。至於將如何發展，我當它是個實驗。

所以，面對任何惡意的批判，我不在乎，創作理應自由不受拘束，而是誠實反映作者本身。我的創作好友Kiefer在離開時尚圈，沈潛多年後，與我合作【派對低調 the book of common player】這本書，所有的影像與其說是Lomo風格，倒不如說是落實自我之下的產物。

每個人，都可以定義出自己的Lomo風格，Fashion也是。

仔細想想，參加派對與攝影，其實有某種程度類似，都是相當愉悅的。隨著主辦人的巧思，我們有各種不同風格（限制）的派對，攝影不也是如此？

各式派對中，攝影師的角色既要融入活動不突兀，亦不能失控，因為我們有替嘉賓好友們掌鏡的神聖使命。

某方面來說，在派對中，攝影師是孤獨的，也像隱形人，這與創作有點類似；在發展過程中，有些部份是容許參與的，有些部份卻只能自己完成。把意念與想法適時反映出現況，對最後的作品卻少了自身映像（因為我們是按下快門的人）。

攝影師，或許是派對當下，最真實與最清醒的存在吧！

【派對低調 the book of common player】
本書照片所使用攝影器材

無論是影像創作愛好者使用的傳統底片,或是時下流行的數位相機,個人建議相機器材越輕便越好。輕便操作相機,更能讓拍攝者融入派對愉悅氣氛,也可以降低來賓參與者被紀錄的壓力,取得自然歡樂的作品。自然而然,帶著一些魔法感覺。

數位相機:

科技日新月異,各家相機品牌幾乎都開發出了體積小的類單眼或是將小DC的性能提升到一定水準。派對拍攝使用,除了體型輕巧外,高ISO以及大光圈也是需要考慮重點。
以夜間室內Party為例,想要簡單不需要太多複雜設定可試試用A模式(光圈先決),先將ISO值(感光度)調整到適數值,再將光圈開到最大即可!

個人現在愛用SONY NEX5:

體積小以及高ISO夜間拍攝深得我心,裝上接環後還能轉接個廠牌的鏡頭。另外,不能不提其錄影功能相當簡便,一鍵錄影,而且是FULLHD高畫質。

底片相機:

雖然時代進步,數位相機帶來方便以及即時性,但是底片的那種立體感,以及洗出照片拿在手裡觀賞把玩,還是很難取代的。

Lomo LC-A：

Lomo攝影影響近代影像美學，解放學院派的古板呆板，更是網路戲稱文青必備的相機！正統的Lomography指的就是這台LC-A。我們可以發現現代許多的平面設計影像/mv風格都帶有Lomo的影子，說白了，Lomo的主要精神就是自由，想怎麼拍就怎麼拍。LCA因為本身快門構造以及鏡頭關係，容易就拍出濃郁（或是奇怪）的顏色。搭配上過期或是特殊的底片，很容易拍出看來很唬人的藝術照，因為機身設計簡單，所以技巧面可以省略，讓我們把重心放在攝影主題以及歡樂的派對上。

手機：

發現在某些活動場合中，最廣為人使用紀錄的工具其實是手機！可以不帶相機出門，但幾乎都會隨身攜帶手機。手機攝影不追求高品質以及高規格功能，講求的是即時抓住現場的感動瞬間，並且透過網路即時分享，這跟Lomo攝影的自由與分享精神是一致的！

instagram：

這個拍照兼具有社群服務小APP最近很火紅，原因就是它很簡單，使用者只需要拍照接著分享即可。內建十幾種影響風格，只要一指拍攝後馬上可以套用！從流行的Lomo風格到經典黑白照或是唬人的老照片效果都有！套用效果後，可以馬上發表到facebook臉書或是twitter推特上與朋友分享，有了這套，你就是派對現場直播員！

Self Therapy 自我療癒

歡愉後達平靜
療癒後續歡愉

Fantasy & Reality

之所以可以讓我們難以自拔並且樂此不疲，我想是因為在喧鬧之中，那些Party實現了我們逃離現實的幻想。
最後最後，還是只剩自己。千萬別空虛，日子優雅可期。

直達

在幻想裡面，我們相愛，沒有爭執。

在幻想裡面，沒有壓力，只要喝酒，享受。不用清楚明白什麼。

在幻想裡面，每個人都光鮮亮麗，不用看到誰的貧窮或痛苦，一切都好美。

在幻想裡面，我們不醉不歸，或者我們擁著誰一起，不孤單。

在幻想裡面，我們備受歡迎，周旋在那些仰慕者當中如魚得水，而且不會有誰在背後罵你。

夜幕低垂的時候，我們放任幻想在Party裡面恣意，但當太陽昇起，終於都要回家，回到自己現實的生活。

幻想和現實的交接，如何解脫？

不急

如果不那麼急著回到現實，例如是長假期的最後一天什麼的，那不妨把音響打開，聽聽昨晚最後的那張CD，回味一下旋律，不那麼激情了，但是還有餘溫。

回魂

宿醉的話，就喝一杯回魂酒，不要太濃，一杯加水不加冰的Glenmorangie Original，佐著音樂下肚，又回到了昨晚的Party Queen的美好，直到，你要開始打掃那一屋子的亂為止。

洗刷

泡個熱水澡吧！這是我讓自己最快回到現實的方式，洗掉一身烏煙瘴氣，特別一定要洗那一頭烏絲，菸酒這些氣味對於頭髮總是很猖狂的依戀。洗完後一身清爽，腦袋也是，我會把前一晚那些個有些汙穢或糜爛的記憶都一併刷掉。

陪伴

青蘋果龍井茶，曾經陪了我很長一段夜夜笙歌的白天，微酸微苦的甘甜清香，可以洗滌我們充滿血液的酒精和味蕾。

自療

打個電話給昨晚喝得很多的那個女朋友，雖然吐了一身的她躺在電梯前面，實在不是一件美麗的事情，但是身為朋友，照顧也好，提醒也好，甚至責難，恐怕都對她是一種治療。

關心

在Party中忘記關注的好朋友，他好像有心事，還是只是無聊？嘿！我不是故意對你冷落，實在是有更好玩的事情讓我分了心。

收納

整理一下那些記憶，天呀！昨天那包裝精美又好吃的巴黎空運馬卡龍，是在哪裡買的，我要問一下帶它來的朋友。好多名片，一些紙條，整理完了以後，剩下一些沒丟到垃圾桶的，呵呵，原來還是帶點真實，至少那個帥帥的男生寫的少了一碼的電話號碼的那張發票還在。

確定

擁抱一下家人，情人，或是小狗。你確定你愛，也真的愛你的生物們。感受自己真實的幸福。不難得。

繼續

再來籌備下一場Party吧！如果還沒有盡興的話。這次一定不要約那個瞎妹，
不要混那麼多種酒喝，也不要再穿三吋半的高跟鞋，我的腿還在痠。
換去別人家辦好了，否則我真的精疲力盡或酒醉時，也沒藉口脫逃。

沒事

什麼都不做吧！或坐或躺，就放鬆自己，放空靈魂，好像經歷了一波波的高
潮後，只用一種貓一樣的姿態慵懶，來根事後菸，冥想上一秒的瘋狂快感。
現實和幻想，注定是水火不容的，如果現實夠美好，我們或許不那麼需要幻
想。只是，總會有一點遺憾需要被彌補。

平衡

所以，如果你戒不掉Party的癮，捨不得五光十色的氛圍，對於那樣帶點頹廢
又或者神秘的幻想國度欲罷不能，你得嘗試在似真似幻之間，找到屬於自己
的平衡點。
畢竟，終於要回到現實，如果總是沉溺在幻想中，那Party又如何精采可期？

一定

Enjoy Your Party！
Cheers！

如果 K是一門藝術
我倒覺得 髒話比優雅更適合

如果 R是一枚婚戒
我倒覺得 真愛比尋覓更適合

如果 M是一疊繪本
我倒覺得 幼稚比浪漫更適合

派對中 有人漠語 有人呢喃
有人需要 有人給予
而我選擇沉浸人群中 不在場證明
仔細刻畫 每一次細節

誰說框裡一定有畫
刪去理性 感性格式化
塗裝顏色 與記憶的時間
就像即興一片披薩
過程好玩 才重要

如果 派對是一種低調
我倒覺得 復古比時髦更適合

早餐比作愛 更接近銀河

是一種時態

concept & photo by kiefer wang, texts by mincokin wang, sepecial thanks, my muse, rie

the end and never end

【派對低調 the book of common player】

- -

Acknowledgements

P016-031 李曉翔（文字協力）

P032-033 boyethan（音樂精選）

P032-035 林倩如（文字協力）

P040-041 李曉翔（文字協力）

P042-045 林倩如 & 周姿利（文字協力）

P046-053 丁芯瑜（文字 & 攝影協力）菜王（模特兒）

P054-061 劉上鳴（空間 & 料理協力）林倩如（文字協力）

P062-069 曾芷玲（食譜協力）

P070-071 李曉翔（文字協力）

P072-075 鵪鶉鹹派（採訪協助）

P076-083 馬里斯（料理協力）許榮展（文字協力）Nina（採訪協助）

P098-103 子宮藝文（採訪協助）

P106-111 黃偉岸（採訪協助）李曉翔（文字協力）

P130-139 黃偉岸（設備協助 & 燈光設計）

非常感謝各位創作好朋友的協助，沒有你（妳）們不可能誕生本書。

Live系列 L023

派對低調 The Book of Common Player

作　　者　王信智
攝　　影　許殷豪Crazy Jason、Ruby Ting、Gengli Lin
責任編輯　黃薇之
美術設計　蔡文錦、王偉（封面、繪本意象）

出 版 者　二魚文化事業有限公司
發 行 人　謝秀麗
地　　址　06台北市羅斯福路三段245號9樓之2
網　　址　www.2-fishes.com
電　　話　（02）2369-9022　傳真（02）2369-8725
郵政劃撥帳號　19625599
劃撥戶名　二魚文化事業有限公司

法律顧問　林鈺雄法律事務所

總經銷　　大和書報圖書股份有限公司
　　　　　電話（02）8990-2588　傳真（02）2290-1658

製版印刷　彩峰造藝印像股份有限公司
初版一刷　2011年3月
ISBN　　　978-986-6490-46-0
定　　價　320元

國家圖書館出版品預行編目資料

派對低調：The Book of Common Player
/ 王信智著. -- 初版. -- 臺北市：二魚文
化, 2011.03
　　面；　公分. -- (Live ; 23)
ISBN 978-986-6490-46-0(平裝)
1.飲食 2.生活美學
427.07　　　　　　　　100000265